陪孩子玩转春夏秋冬

全4册

听，落在春天的风

Hiddenland自然教育学院

王释熠 金崇轲 / 编著

民主与建设出版社

·北京·

"春到人间草木知。" 春天作为四季的伊始，代表着冬去春来，万物渐渐苏醒。在春暖花开之际，是时候走到野外，在自然里沐浴春光，探秘春天的16种玩法！

我们的小动物朋友都已经蓄势待发，就差你了！看看都有谁？

大圣

我乃大圣也！当然了，我只是名字叫大圣，和那个孙悟空没什么关系，我是只狐狸。

喵，喵，喵……我叫豆丁！很显然，我是一只可爱的小猫咪。

豆丁

羊乐多

我叫羊乐多，我爱喝养乐多。攀岩是每只山羊的爱好，我也不例外，希望有一天可以挑战天门山悬崖。

我应该挺火的吧？每个人的手机里都少不了我的表情包。你可别说你没有！

小狼

干脆面

我是一只小浣熊，大家都叫我"干脆面"。说实话，我刚开始也摸不着头脑，直到有一天，我吃了一包干脆面……

长长的耳朵、大眼睛，我是小仙女"浪味仙"。

浪味仙

虎子

作为百灵鸟，我嗓音优美，是个天生的歌唱家。我性情率直，无所畏惧，看来大家叫我"虎子"不无道理。

我本来叫胡巴，因为我是蝴蝶嘛。后来不知道怎么叫着叫着成"锅巴"了。

锅巴

铁蛋儿

嘿，估计大家都能从照片里看出来，我是一只圆滚滚的大熊啦！为什么圆滚滚呢，这有点说来话长……

我之所以叫胡椒，是因为我真的很喜欢胡椒。我喜欢料理，喜欢用胡椒烹饪一切，胡椒让这个世界变得更加美好！

胡椒

来福

与酷爱户外运动的羊乐多不一样，身为绵羊的我更喜欢和朋友们散散步，找找新鲜的草儿吃。

我是一只大橘猫，我的爱好是吃罐头！

大黄

汤圆

哞哞哞……没事儿，我就随便叫两声。我是一只名叫汤圆的小奶牛，很开心认识你！

别再被骗了，刺猬根本不在刺上扎水果，我们甚至不爱吃水果……幸会幸会，我是刺猬"粉条"！

粉条

元宝

哎？我的耳朵不是立起来的，但相信我，我真的是只兔子……

嗨！朋友们！我想说，如果你需要坚果果壳的话，可以来找我，管够！但是你要果壳干吗呢？

果壳

目 录

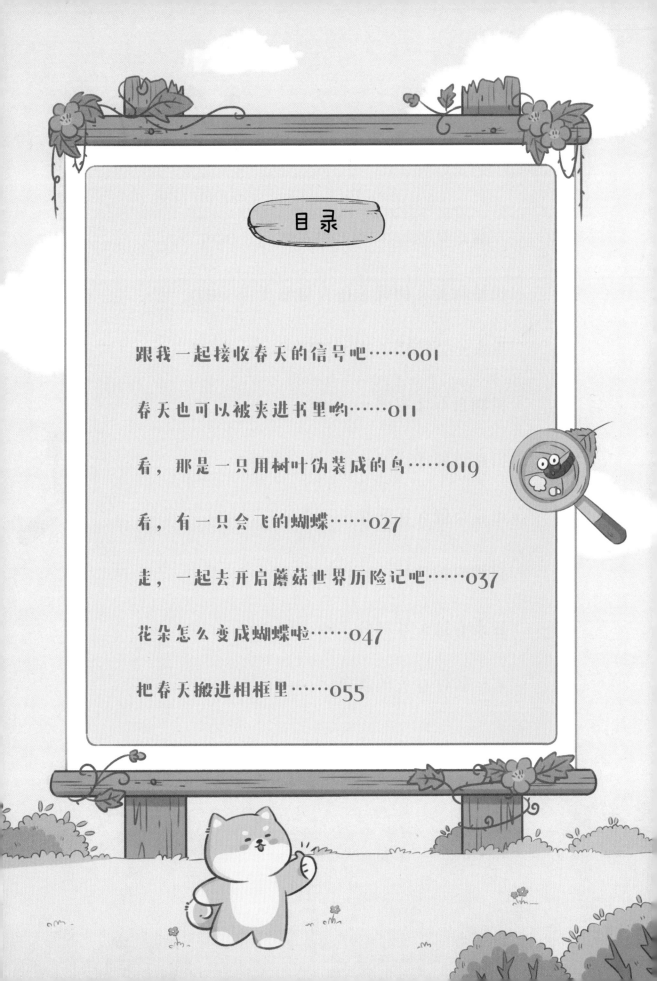

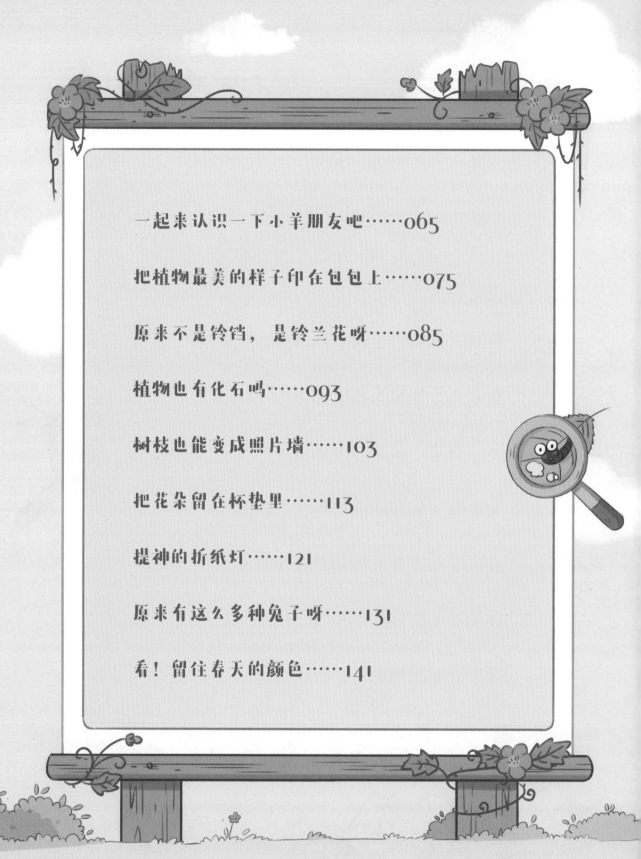

自然观察

真香啊！
这是什么味道呀？

原来是香椿的味道！春天来了呀！

这么多好吃的
蔬菜，可不能
只有我一个人
品尝到啊！

哪里有篮子呢？我去摘点菜。

就用这个吧！

我要把它们采摘到篮子里，
和好朋友们一起分享！

自然探索

一起看看我都采摘了哪些春天的蔬菜吧！

香椿

荠菜

春笋

韭菜

你们还知道有哪些最能代表春天
的蔬菜？请你将它们画下来吧！

自然思考

快来尝尝我做的菜肴吧！

好耶！

这道香椿炒鸡蛋可以说是必吃的春季味道了！
香喷喷的香椿，配合软糯的鸡蛋，好吃极了！

荠菜口感柔嫩、味道鲜美，是
春天常见的一种野菜，非常适
合做馄饨馅儿！

竹笋一年四季皆有，但唯有春笋
味道最佳。一盘油焖笋，可以让
我吃掉好几碗米饭！

与春笋一样，虽然韭菜也四季都有，但春季的韭菜最为鲜嫩可口。做一盘韭菜合子，是个不错的主意！

让我们拿起果汁，一起敬春天吧！

自然创作

如何制作纸杯花篮？

小 改造，大 改变！

一个纸杯，一团麻绳，简单易得的材料，既能成为装饰品，

也能养养植物、存放物品！

收集植物素材，准备所需工具：

小花（用作装饰）、麻绳、纸杯、
剪刀、胶棒、胶枪和双面胶

3 揭开双面胶，用麻绳捆住

1 将纸杯剪成十一等分

4 将麻绳压一挑一，依次向上

2 在底部缠上一圈双面胶

5 最后两圈用涂胶固定，防止松散

6 剪掉多余的纸杯

9 用胶枪将把手两端固定在杯身上

7 剪下的杯口不要扔，当作提手

10 加上装饰，纸杯花篮就制作完成啦

8 用麻绳将提手缠绕

春天
也可以被夹进
书里哟

自然观察

一年之计在于春，开始
学习新知识吧！

哎？这是什么？

原来是我去年秋天做的书签
呀！不过都有点坏了。

哇！春天到了！

有啦！我就再用春天的植物做个限定书签吧！

自然探索

想了解一朵花，首先要认识花的结构哦！

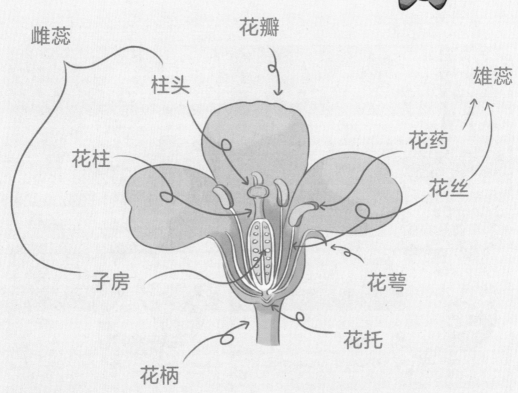

雌蕊

花瓣

柱头

雄蕊

花柱

花药

花丝

子房

花萼

花托

花柄

自然思考

春天是大地万物复苏的季节，也是百花争艳的季节。

但我不知道你们有没有这样的困惑，那就是美丽的花花太多，总是分不清楚。

我特意为大家准备了春天花朵图鉴。一起来看看并记录一下春天常见的花朵吧！

迎春花
花期：2 至 4 月。
花瓣：金黄色，多为 5 至 6 片花瓣。
叶：叶子边缘没有锯齿。
特点：枝条下垂，先开花，后长叶。

梨花
花期：3 至 4 月。
花瓣：白色花瓣，紫红色花蕊。
叶：绿叶大且多。
特点：成簇开放，边开花边长叶。

樱花
花期：3 至 4 月。
花瓣：花朵呈淡粉或白色，花瓣尖端有缺口；多为 5 片花瓣，有花柄。
叶：叶片有细细的锯齿哦！
特点：成簇开放，枝干有横纹。

桃花
花期：3 至 4 月。
花瓣：粉色或白色，多为 5 片花瓣，每片花瓣长而薄。
叶：狭长。
特点：单朵开放，边开花边长叶。

你们还见过哪些在春天绽放的花朵？
请你画下来吧！

自然创作

如何制作春日限定书签？

一起手工制作独一无二的干花书签

将春天收藏在书本里

留住春天的脚步吧

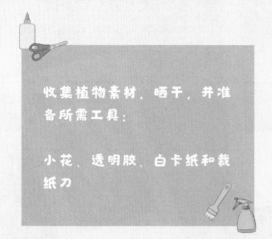

收集植物素材，晒干，并准
备所需工具：

小花、透明胶、白卡纸和裁
纸刀

3 用干花进行自由创作

1 将卡纸按喜好裁剪

4 用透明胶封住书签两侧后，就制作
完成啦

2 将透明胶固定在卡纸的一侧

看，
那是一只用树叶
伪装成的鸟

自然观察

它可没法向你问好，这是用树叶伪装成的小鸟。

还真是叶子做的小鸟呀！

美妙的春天，除了花香，也少不了让人心情愉悦的鸟叫声！

让我们一起去寻找这些在树丛间嬉戏的小精灵，聆听春天最美的声音吧！

自然探索

布谷鸟

画眉

黑枕黄鹂

云雀

你们还知道春天有
哪些小鸟吗?

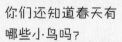

这些新来的小鸟，各有各的生活习惯，要想跟它们交朋友，就需要尊重它们的生活习惯哦！

布谷鸟，俗称"报春鸟"，与其他大多数的鸟类一样，是以昆虫为食。

布谷 布谷

布谷

布谷

有意思的是，它们不会自己筑巢做窝，也不会养育自己的宝宝。它们会偷偷把蛋下到别的小鸟的窝里，让别的鸟妈妈帮助自己孵育小宝宝。

哇！原来还有这么有意思的事情啊！

布谷鸟鸣叫的时候，往往正值春耕。因此，它们的叫声就像是在提醒大家赶快播种啦！

要播种啦！

画眉可以说是"四大鸣鸟"之一，其歌声悠扬婉转，自古以来就深受人们的喜爱。

你说的我都已经记住啦，我现在已经迫不及待地想认识这些新来的小鸟朋友了，快带我去见见它们吧！

自然创作

春天的脚步悄悄走近，

运用大自然的色彩与纹理，

手工制作树叶小鸟，

简单又有趣！

3 用色粉或其他彩笔创作小鸟的身体

收集植物素材，并准备所需材料：

树叶、白卡纸、双面胶、笔、色粉和剪刀

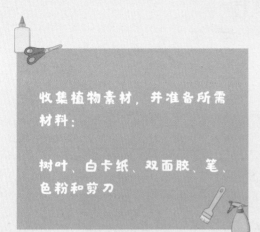

1 拿笔在白卡纸上画出小鸟的身体与两个翅膀，然后剪下来

4 将翅膀粘在小鸟的身体上，制作完成

2 在翅膀上粘贴树叶

看，
有一只
会飞的蝴蝶

自然观察

快来看呀！这张照片可真好看，尤其是你头上的蝴蝶结！

自然探索

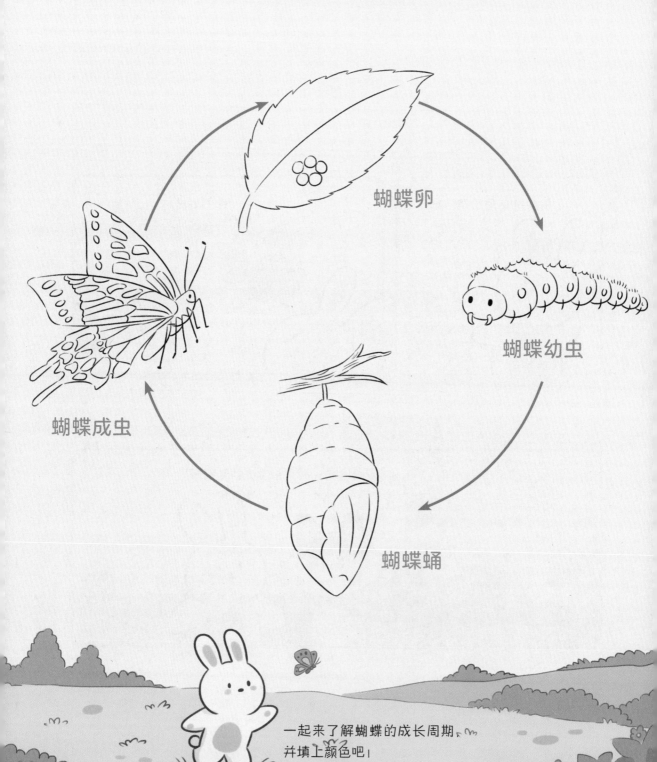

蝴蝶卵

蝴蝶幼虫

蝴蝶蛹

蝴蝶成虫

一起来了解蝴蝶的成长周期，并填上颜色吧！

自然思考

你是新来的朋友吗？
我怎么之前没见过你呀？

我不是新来的，我
在森林里已经住了
有一阵儿啦！就在
森林的东边。

森林的东边？
那不是只有毛毛虫一家吗？

你呀，有所不知，之前
的那些毛毛虫长大了就
会变成花蝴蝶。

蝴蝶这一生会有四
种生长形态，分别
是蝴蝶卵、蝴蝶幼
虫、蝴蝶蛹和蝴蝶
成虫。

蝴蝶卵由一个坚硬的外壳包裹，被称为绒毛膜保护。外壳内衬有薄薄的蜡涂层，防止幼虫在充分发育前干燥。

我们上次去森林东边的时候，正好赶上它们的幼虫时期，也就是毛毛虫。

说得太对啦！我们在幼虫的时候会消耗植物叶子，几乎所有的时间都花在寻找食物上。

当我们完全成长到幼虫阶段后，就会产生激素，如促胸腺激素。

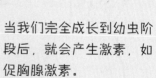

然后呢？那你们是怎么从毛毛虫变成蝴蝶的呀？

从那时开始，我们就不再吃饭了，
而是开始寻找一个隐蔽的安全场
所，用来帮助我们化蛹。

我们通常都会选择睡在一片叶子
的下面，接着我们就可以安心地
蜕下幼虫阶段的最后一层皮，转
化为蛹。

最后，我们会在蛹里迅速生长，长出翅膀变成
成虫，也就破茧成蝶啦！

大自然可真神奇呀！

自然创作

如何抓住一只
会飞的蝴蝶?

翻开折页,跃然纸上的蝴蝶富有生命气息,
精致又环保!
用干花涂绘拼贴,完成不同主题的蝴蝶贺卡。
送给老师或亲朋好友,心意满满哦!

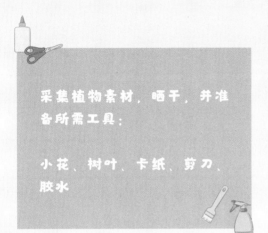

采集植物素材，晒干，并准备所需工具：

小花、树叶、卡纸、剪刀、胶水

3 开始粘贴、创作

1 将蝴蝶翅膀剪出卡槽

4 将翅膀穿插扣在一起

2 将长方形卡扣向内翻折，形成底座

5 在蝴蝶卡槽处粘上小卡片，起到支撑作用

6 在底座涂上胶水，平行放置在卡纸上

7 整体盖上并展开，贺卡制作完成

哇！
抓住喽！

走，
一起去开启
蘑菇世界历险记吧

自然观察

你也是来摘蘑菇的吗？下雨后森林里的蘑菇可多啦！咱们一起去摘吧！

自然探索

香菇

口蘑

平菇

猴头菇

毒红菇

毒蝇伞

一起来看看我们常见的蘑菇，
拿起彩笔填上颜色吧！

那是因为蘑菇是一种比较低
等的植物，属于真菌类。

为什么下雨后森林里
的蘑菇格外多呀？

它不会产生种子，而是通过产生孢子进行繁殖。孢子
散播到哪里，就在哪里萌发成为新的蘑菇。

因为孢子自己不会合成营养物质，所
以只能吸取土壤或者腐烂木头里现成
的养分和水分来维持生命。

雨后，土壤中的含水量较高，很多营养都
溶解在土壤溶液中，充足的水分也能提高
营养的运输速度，加快真菌生长。

所以呀，雨过后，蘑菇长得又多又快呢，咱们可以大饱口福啦！

为什么你不摘那些色彩鲜艳的蘑菇呀？你瞧它们红彤彤的，多漂亮！看着就很美味！

蘑菇可不能随便摘哟！

大部分蘑菇之所以颜色很鲜亮，往往是因为生长在阴暗、潮湿地带，这样的颜色对我们来说是一种警示色，帮助我们区分毒蘑菇，避免我们中毒呢！

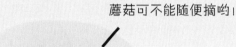

还有呀，你可要记清楚了，并不是所有毒蘑菇的颜色都很鲜艳，比如色彩不艳的肉褐鳞小·伞、白毒鹅膏菌、秋盔孢伞等都是极毒的菌类。

同样，也不是所有漂亮的蘑菇都有毒，好看的橙盖鹅膏就十分美味可口。

不如我们一起去向蘑菇精灵取取经吧！

好复杂呀！你都把我弄糊涂啦！那我该如何习得自动辨别毒蘑菇的能力呢？

蘑 菇 精 灵 在 哪 里 ？

收集吃完的夏威夷果果壳作为蘑菇伞，
用纸浆捏出身体。
一起走进童话世界，
寻找蘑菇精灵吧！

收集植物素材，并准备所需工具：

夏威夷果果壳、纸巾、纸浆、颜料、画笔、彩笔、剪刀和胶枪

3 给果壳上一层底色

1 用纸巾卷成筒并剪出四肢

4 点上蘑菇斑点

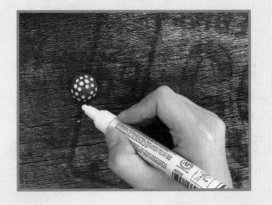

2 用纸浆糊住、定型

5 等待自然晾干

6 用纸巾叠出褶皱作为菌褶

9 带入场景，比如可以将蘑菇精灵们固定在小树枝上

7 将菌褶塞入果壳中

10 制作完成啦

8 插入身体

花朵
怎么变成
蝴蝶啦

原来不是蝴蝶，
是朵漂亮的花儿呀！

可不止这一种花长得像
蝴蝶，花园里还有好多
种呢！

蓝蝴蝶花

蝴蝶兰

三色堇

鸢尾花

你在公园里都遇到了哪些像蝴蝶的花呢？
请你画下来吧！

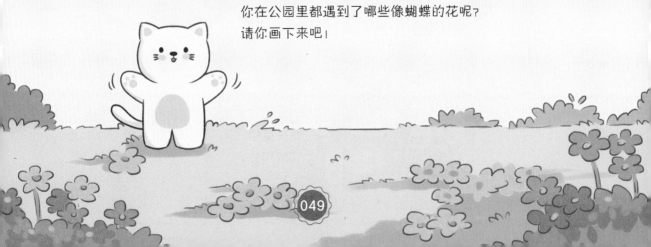

你刚刚说的那些花我都没见过！给我讲讲吧！

好吧！那就给你讲讲！

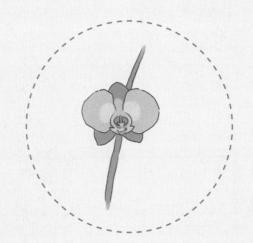

先说蝴蝶兰，这种花的茎很短，常为叶鞘所包。

叶片稍肉质，花瓣呈菱状圆形，基部收狭呈短爪，具有网状脉。

因为花盛开的时候好像蝴蝶在空中飞舞，所以才叫它蝴蝶兰。

那鸢尾花是什么样的呀？
这名字好特别呀!

鸢尾这两个字都跟动物有关，有人说它长得像鸢鸟的尾巴，有人说它长得像蝴蝶的花瓣，所以才有了这个特别的名字。

很早以前，鸢尾是作为民间草药被人发掘的。后来，人们渐渐被它美丽的花姿吸引，才开始把它作为观赏植物进行种植。

鸢尾花大都生长在河边或草丛边，长势强健，耐寒。

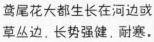

真神奇呀，没想到还有长得像蝴蝶的花朵呢！

花朵之所以长得像蝴蝶，还有一个原因——骗昆虫帮它们授粉，好帮助它们生长。

当然，大自然中的昆虫种类极多，因此花朵也有很多样式。可不仅仅长得像蝴蝶哦！

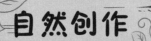

自然创作

怎样用
花瓣
去制作
一只蝴蝶？

发挥色彩搭配能力，从平凡的
生活中寻找美。

做大自然的魔法师，将落叶和
花瓣拼贴成翩翩蝴蝶吧！

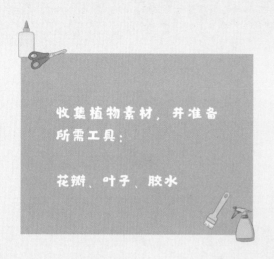

收集植物素材，并准备
所需工具：

花瓣、叶子、胶水

3 装饰蝴蝶翅膀，使得"蝴蝶"更加立体

1 将植物分类摆放、备用

4 "蝴蝶"制作完成啦

2 将准备的植物素材拼接成蝴蝶的形状

把春天搬进相框里

自然观察

咚咚咚

我正在给家里做大扫除呢！翻出来很多照片，不知道怎么处理。

你可以试着去大自然中找找灵感，大自然的纹路才是最美的。

对啊，我怎么没想到呢！树皮的纹理多美啊，不如做个木质相框！

自然探索

走，陪我去捡一些树枝。
顺道观察一下属于大自然的纹理！

鳞状树皮
（杉树）

横纹树皮
（山桃树）

皮孔树皮
（桂树）

纵裂树皮
（樟树）

你们还观察到哪些美丽的树皮纹理？
照着画下来吧!

自然思考

要不是跟你在一起，我真没仔细观察过树皮的纹理，有这么多种呀！

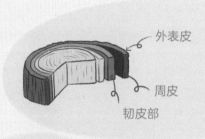

外表皮

周皮

韧皮部

可别小看树皮！树皮是树木的重要组成部分，树皮由外到内包括外表皮、周皮和韧皮部。

树皮除了能防寒防暑防病虫之外，还能运送养料。

韧皮部的主要功能就是将叶片中光合作用的产物输送到植物根部和其他部位。

对呀对呀，树木虽然无法移动以躲开掠食者，但树皮可以帮助大树更好地防御食草动物、昆虫和寄生植物！

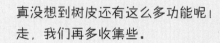

真没想到树皮还有这么多功能呢！走，我们再多收集些。

如何制作植物装饰相框?

用来自大自然的松果和树枝,
把春天搬进相框里吧!

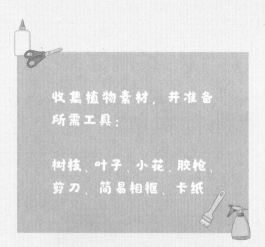

收集植物素材，并准备
所需工具：

树枝、叶子、小花、胶枪、
剪刀、简易相框、卡纸

3 粘贴完成后用松果进行装饰

1 准备若干根适宜长度的树枝

4 在卡纸上完成植物拼贴画

2 用胶枪将树枝粘贴在相框的四周

5 将拼贴画进行装裱

6 制作完成啦

一起来认识一下
小羊朋友吧

自然观察

自然探索

你好呀，小白兔，很高兴认识你！

刚刚还听小灰兔提起你呢！
走吧，我带你去认识认识我的朋友们。

萨福克羊

南丘羊

美利奴羊

湖羊

小朋友们，你们还知道我有哪些朋友吗？请你画下来吧！

自然思考

绵羊先生的朋友可真多呀！他们住得这么近，感情一定很好。

绵羊们性情温顺，合群性强。为了提防野兽的侵害，绵羊家族很喜欢聚集一起。

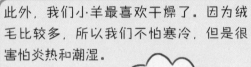

此外，我们小·羊最喜欢干燥了。因为绒毛比较多，所以我们不怕寒冷，但是很害怕炎热和潮湿。

因为一旦天气变得炎热，我们很可能会患寄生虫病和关节炎。所以到了夏天，我们最喜欢在树下乘凉啦！这样才能保持毛发的清爽，也不容易生病。

怎样用开心果
去制作
一只小·羊?

吃完的坚果小食
也能化身"羊咩咩"?

变废为宝,
再结合树枝、废纸、麻绳等简单的材料,
通过拼接粘贴的方式,
看开心果如何变成小羊!

收集植物素材，并准备所需工具：

开心果果壳、树枝、剪刀、胶枪、胶带、麻绳、纸巾、乳胶、刷子

3 在小羊的身体上粘满开心果果壳

1 用纸捏出一大一小两个椭圆体，缠上透明胶条固定

4 用纸巾和白乳胶刷出脸蛋，晒干

2 用胶枪将两个纸团粘在一起，作为小羊的身体和脑袋

5 将麻绳打圈，作为帽子装饰

6 用剪刀将树枝剪成小羊的四肢

7 取两颗开心果果壳，刷成白色，当作小羊的耳朵

8 将五官和帽子粘上

9 将树枝粘在小羊的身体上

10 小羊制作完成啦

把植物最美的样子
印在包包上

自然观察

也许可以做一些美好的小手工！

哎？有灵感了！

自然探索

每一片树叶都有属于自己的特有的脉络纹理，你们仔细观察过吗？

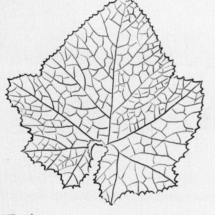

叉状脉
——银杏叶

网状脉
——南瓜叶

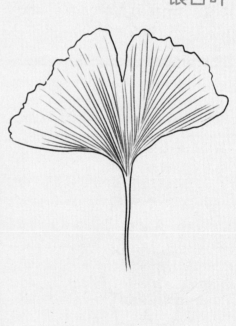

平行脉
——玉米叶

当树叶经过"洗礼",褪去华丽外衣,生命的印记便开始清晰可见。你喜欢的树叶有着怎样的脉络?尝试画下来吧!

自然思考

在此之前，我竟没发现叶子的脉络原来这么好看！

事实上，叶子的脉络除了好看，还有许多其他的作用。

这个我知道！叶脉还是植物养分的"运输工"，就像我们浑身布满的血管一样。

养分先从植物的根部到达茎，茎将养分运输到叶脉，再由叶脉分散运至植物各部位。

除此之外，植物叶脉的结构还与植物叶片的生长形状息息相关呢！
叶脉使得叶子具有一定的强度和灵活性，可以支撑叶子的形状。

还等什么？
让我们一起去把植物印在包包上吧！

自然创作

在帆布包上自由创作，

脑洞大开，

尽情展示自己

的树叶世界吧！

收集植物素材，并准备所需工具：

树叶、帆布包、颜料、刷子

3 将树叶均匀按压

1 将心仪的树叶背面刷上颜色

4 小心掀开，等待晾干

2 平铺在帆布包上

5 将另一片叶子平铺、均匀按压

6 依旧小心掀开，等待晾干

7 制作完成

原来不是铃铛，
是铃兰花呀

自然观察

哇，是一条漂亮的铃铛项链！

为什么这条项链还这么香呀？

这可不是普通的铃铛，
这是铃兰花做的项链！

原来不是铃铛，是铃兰花呀！

自然探索

白铃兰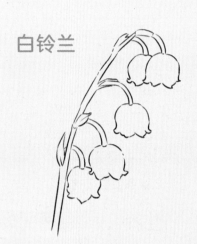

红花铃兰

重瓣铃兰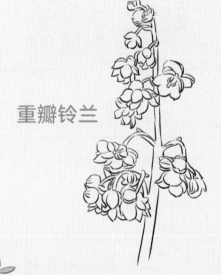

七彩铃兰

走，一起去认识一下铃兰花吧！

自然思考

铃兰花好凉爽、耐严寒，因此多半生长在深山幽谷或者比较潮湿的溪边。

咱们只有往森林深处走，才能欣赏到更多漂亮的铃兰花。再坚持一下吧！

等我找到最好看的那朵铃兰，我要带一朵回家！

不可以哟，我们所住地区的土壤并不适合它的生长，养起来会很麻烦！

而且，铃兰花里有轻微的毒素，如果被其他朋友误食，可能会导致中毒的。

自然界中有很多美好的植物，但是我们不能因为自己喜欢就把它占为己有，独自欣赏不如大家一起欣赏。

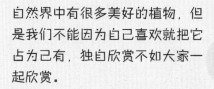

这让我突然想到猴子老师说的话……

自然创作

你知道吗？铃兰的花语是幸福归来。

铃兰花就像召唤幸福的小铃铛，收到铃兰花则代表着幸运会眷顾自己。

一起做一个铃兰花台灯，让幸运常驻吧！

怎样制作好看的铃兰花台灯？

准备所需工具：

鸡蛋托、剪刀、颜料、刷子、
麻绳、铁丝、灯串

3 用麻绳缠绕铁丝做花茎

1 将鸡蛋托剪出花朵形状

4 将花茎刷成绿色

2 将花朵状的鸡蛋托刷白、晾干

5 将花朵用细铁丝缠在花茎上

6 缠上灯串，制作完成

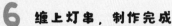

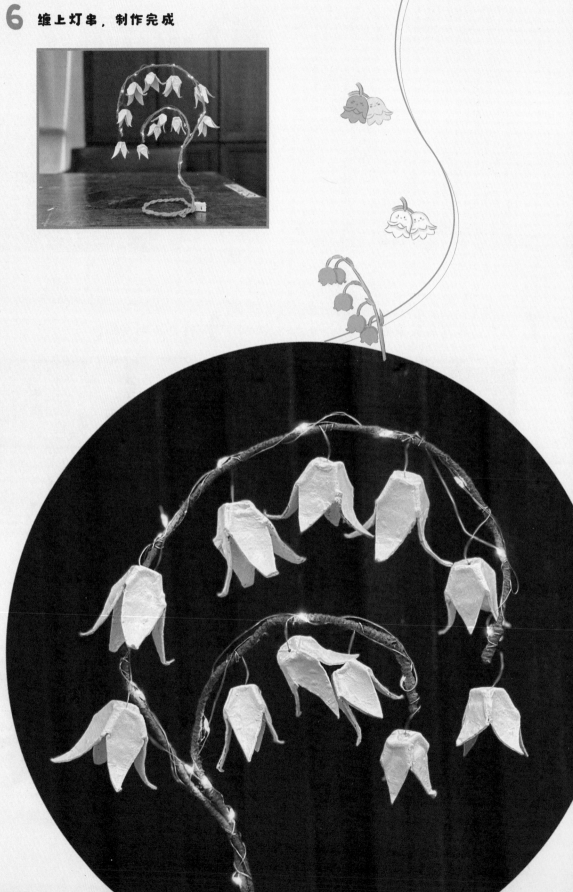

自然观察

看你闷闷不乐的样子，怎么啦？

春天来了，我最喜欢的小麦花也快要开了。

可是它的花期很短，只有几十分钟。我很想记录下它的样子。

原来是这样！
别烦恼啦！

正好我最近在琢磨个新东西——植物化石，也许它能够帮助你把小麦花盛开的样子记录下来。

哇，太好了！
植物也有化石吗？

当然啦！这个方法可以帮助我们记录花期很短的植物呦！一起来看看都有哪些植物吧！

昙花

花期最长只有 3~4 小时，有的花朵甚至 20 分钟左右就会凋谢。

短命菊

一生只有短短几个星期，甚至还不到一个月。

仙人掌

有的花期只有 1 天，有的则只有短短的 3~5 小时，最长的花期也只有 2~3 天的时间。

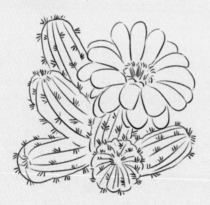

黄花风铃木

花期较短，只有 10~15 天。

你们还知道哪些花期很短的植物？

自然思考

化石难道不是生活在遥远过去的
生物遗体变成的石头吗？

莫非植物也能
变成化石吗？

所以，无论是动物还是植
物，都会在死亡后留下遗
体或者是生活的痕迹？

不止如此，化石还
有可能是生物的遗
体变成的石头。

是的，生物遗体中的有机质分解殆尽后，如外
壳、骨骼、枝叶等坚硬的部分，与周围的沉积
物一起经过石化，变成了我们所说的化石。

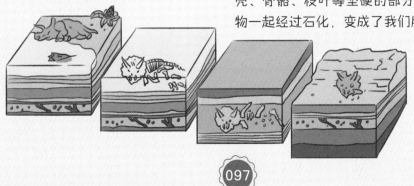

太神奇了!
原来是这样呀!

这些都是我在书上看到的。我们不仅可以从化石中看到古代动植物的样子,还可以进一步推断出它们的生活情况和生活环境。

所以,我们可以采取这种方法去保留植物最美的姿态!

是这样的!跟我一起去做吧!这种方法适用于记录很多种植物的状态呢!

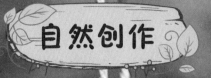

自然创作

如何制作植物化石？

以陶泥为板，花草作画。

植物浮雕这种特殊的工艺形式，

让毫无生气的黏土有了生命的脉络。

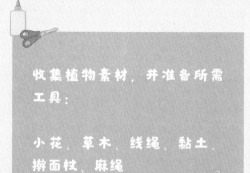

收集植物素材，并准备所需
工具：

小花、草木、线绳、黏土、
擀面杖、麻绳

3 将采集的植物放在擀好的黏土上

1 取适量黏土揉成球

4 用板子按压

2 将黏土球擀成圆饼形状

5 将植物掀开取出

6 用小碗罩住植物浮雕并按压，去除
多余的边

7 晾干后打孔穿绳，制作完成

树枝也能
变成
照片墙

自然观察

你们家的照片墙可真好看呀!

这都是我用采集来的树枝做的!可费了我不少工夫。

自然探索

一起来看看有哪些适合做照片墙的树枝吧！

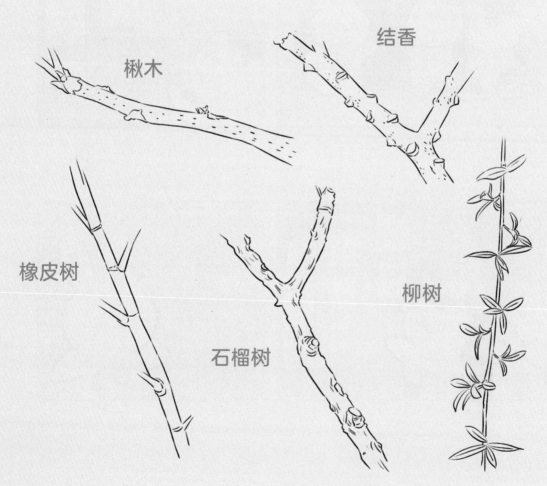

楸木

结香

橡皮树

石榴树

柳树

你们还知道有哪些树木的枝条比较软？
请你画下来吧！

自然思考

别看这些树枝长得普通，挑选起来可有些讲究呢！我们要挑选比较柔软的树枝，这样才方便控制照片墙的形状。

为什么要挑选比较软的树枝呀？

因为柔软的树枝重量很轻、有弹性。我们可以随意制作自己喜欢的照片墙形状呀！

不仅如此，还有椅子、桌子等家具，也会用柔韧性较强的木头来做。

原来是这样呀！你的树枝照片墙太好看了，可以教教我们吗？

当然可以呀！走吧，我带你们去做树枝照片墙。

自然创作

如何制作树枝照片墙？

荒野里随处可见的树枝，摇身一变，就能成为承载记忆的摇篮，充满田园味道与文艺气息！

如何制作树叶脉络书签？

学会101种自然手工

如何制作非遗毛猴？

学会101种自然手工

如何用山果壳做蜡烛？

学会101种自然手工

如何制作非遗花草纸？

学会101种自然手工

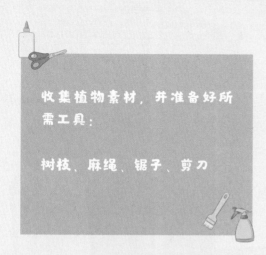

收集植物素材，并准备好所需工具：

树枝、麻绳、锯子、剪刀

3 再锯一根等长的树枝

/ 将树枝锯成适宜的长度

4 将修剪好的树枝平行放置，把若干根麻绳定好间距，平行放置

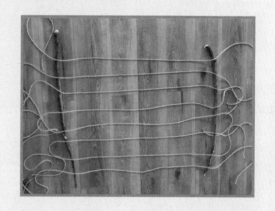

2 修剪多余的枝杈

5 将每根麻绳在两根树枝上一一系好

6 统一调整麻绳间距，可任意进行装饰

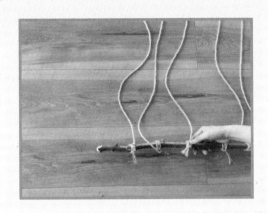

把花朵
花留在
把垫里

自然观察

今天是我的生日，为大家准备一桌美味的菜肴吧！

谢谢大圣，这正是我喜欢的颜色。

小·狼生日快乐，我选了一个书包送给你！

哈哈！我冬天一定会戴的。

虽然冬天还很远，但是总会来的，送给你一条围脖吧！

小·狼，这是我手工制作的杯垫，希望你喜欢。

哇！真漂亮呀！我从来没见过这么好看的杯垫。

这个制作方法很简单，但却可以永远保留住花朵最鲜活的样子！

自然探索

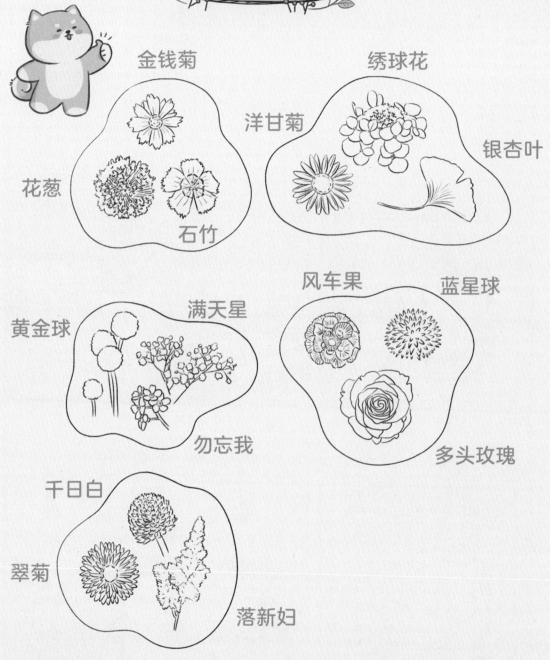

金钱菊

绣球花

洋甘菊

银杏叶

花葱

石竹

黄金球

满天星

风车果

蓝星球

勿忘我

多头玫瑰

千日白

翠菊

落新妇

你们会用什么植物来进行搭配，
制作成独属于自己的滴胶杯垫呢？

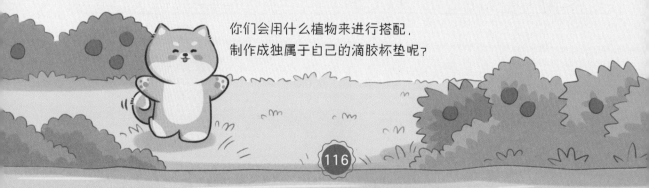

自然思考

你可不可以教教我们怎么做这个杯垫呀？实在是太好看啦！

当然可以啦！首先，我们需要准备自己喜欢的干花。

为什么要用干花呀？新鲜的花不好吗？

因为滴胶会和植物里的水分发生反应。如果植物不脱水的话，就会变色、变形。

同时，花在潮湿的状态下不易保存。虽然在滴胶里面，但也会腐烂、变质。

原来是这样呀！

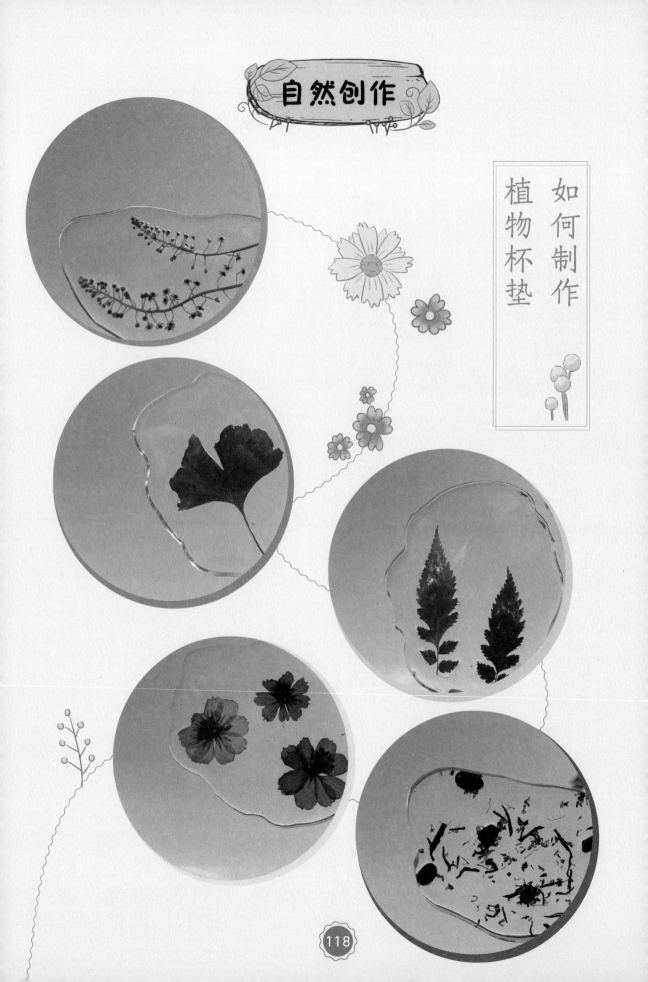

如何制作
植物杯垫

收集植物素材，并准备所需工具：

模具、AB 胶、镊子、秤和硅胶杯

3 在模具里铺上一层调好的 AB 胶

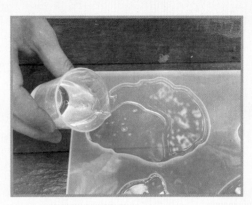

1 调好 AB 胶，注意 A 胶和 B 胶的配比是 2.5：1 哦

4 根据自己的想法进行组合、创作

2 将采好的植物晒干，准备好

5 将植物压入胶中

6 不要急，等待自然晾干

7 脱模取出，制作完成啦

提神的折纸灯

自然观察

家去哪儿了？

哎哟！
吓死我了！

我刚下班，大脑晕晕乎
乎的，不小心迷路了。

这么晚了，
你在这里做什么呢？

这个送给你，
应该可以帮到你。

这是一本书吗？

不是的，
你打开看看！

哇！

这可太棒了！
谢谢你的礼物。

不仅如此，上面还有提
神的植物。困的时候闻
一闻，就不容易在森林
里犯迷糊啦！

自然探索

你们知道有哪些植物的香味可以提神吗?

薄荷

薰衣草

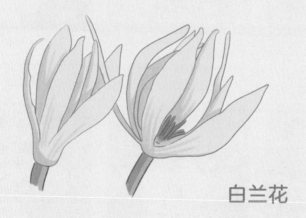

白兰花

不过一定要注意别过敏呀!

自然思考

为什么这些植物能够提神醒脑呀？

那我通过薄荷的例子来讲讲吧！

薄荷之所以能够提神醒脑，是因为它里面含有能够刺激我们中枢神经的物质。

当这些物质作用于皮肤表面，会对我们的感觉神经末梢起到抑制和麻痹的作用，从而使我们变得清醒。

原来是这样呀，真是太棒了！

这个折纸灯既能照明，又能帮助我回家的时候不犯迷糊，还方便携带。

125

此外，放在家里，也充满
氛围感！你可以教教我怎
么做吗？

当然可以啦！

除了提神醒脑，有些
植物的气味还有驱蚊、
驱虫、愉悦心情的功
效呢！

气味就像植物的语言。它们
还有很多未知的知识等着我
们去探索呢！

自然创作

如何制作折纸书灯？

一页纸，一盏书灯，
一片黄昏，一抹青绿，
用植物表达诗意，让生活充满浪漫的氛围感吧！

收集植物素材，晒干，并准备所需工具：

牛皮纸、A4大小的纸张、尺子、笔、小刀、双面胶和LED灯

3 以此类推，依次内推、折叠

/ 如下图所示，先画好图纸，再用小刀进行划刻，方便后续折叠

4 全部折叠完成，就形成了纸灯套

2 沿着刻痕折叠，内推三角区

5 如下图所示，将牛皮纸折成书皮状

6 将步骤 4 制作完成的纸灯套沿褶皱
平行粘贴

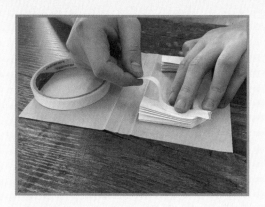

7 展开后塞入 LED 灯，在纸灯套表面
装饰自己心仪的花草

8 折纸灯制作完成啦

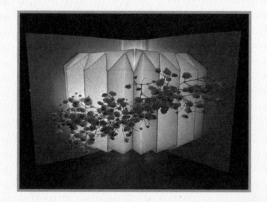

原来有
这么多种兔子呀

自然观察

我是垂耳兔，我的耳朵就是这样的，我们兔子中还有很多跟你长得不一样的兔子呢！

自然探索

我来跟你们讲讲和小白兔长得不一样的兔子吧!

安哥拉兔

穴兔

垂耳兔

荷兰侏儒兔

巨型花明兔

你们还知道有哪些体态和我不一样的兔子吗?

自然思考

原来兔子中有那么多和我长得
不一样的兔子呀！

我们之前也以为只有你一
种兔子呢！可既然大家都
是兔子，为什么长得这么
不一样呀？

这主要是由于所处地理环境的不同，使得我和
小白兔在进化速度和方向上有所差异，长相自
然就不一样啦！

我想起来啦，猴子老师之前讲过，虽
然是同一物种，但在不同地区生存，
则会因为生态环境不同，进而在外貌
上存在一些差异。

你们还记得老师讲的印度狼吗?
当时他就说了, 印度狼和我都属
于犬科。

但是由于印度狼活动在森林、山
地和草原, 需要长途迁徙, 所以
胸部狭窄, 自然与我们狗狗不一
样了。

自然的物种可真神奇,
真多变呀!

如何制作
干花折纸兔子？

手工折纸，发挥动手能力。

点缀上干花，让折纸"秒变"鲜活小兔子！

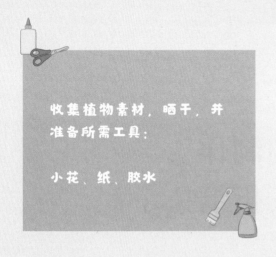

收集植物素材，晒干，并
准备所需工具：

小花、纸、胶水

1 将正方形纸折出米字痕迹

2 将左右两端向内推，形成三角

3 将三角形的两个角往回折

4 将左右对角翻折

5 将顶角向下折回

6 如下图所示再次翻折

9 打开后，将顶角对折

7 再将两角嵌入卡槽

10 将两角沿折痕向外翻

8 翻到反面，折回两角

11 再沿折痕向内往中线翻折

12 继续对折一次

13 施展魔法的时间到了！往小孔里吹口气吧

14 装饰上干花，就制作完成啦

看！

留住春天的颜色

自然观察

要是能留住春天的颜色就好了!

虽然现在还是春天，但温度着实不低。

我们不如赶在夏天之前，运用春天的颜色，做一把国风团扇吧!

好呀好呀!

143

自然探索

团扇的扇面上一般都会绘以美丽的山水画。在绘制前，我们不如先准备好春日的调色盘吧！

将你能找到的春日植物素材粘贴在相应的色块之后吧！

自然思考

好啦！现在我们的调色盘准备完毕了，大家可以先想想你们最喜欢的春日景象是什么哟！

我最喜欢的春日景象是刚刚冒尖儿的嫩绿草地，远远望去，好像一大块毛茸茸的绿地毯，可新鲜了，每年春天我都能吃个饱。

我最喜欢的是我家小花园的春日风景，远远望去，五彩缤纷。

对啦！小白兔，光顾着我们说了，你最喜欢的春日景象是什么呀？

我最喜欢的春日景象呀，
就是田野啦！

麦苗长高了，拔节了，长长的叶子绿
得发亮。大片大片的麦苗地连在一起，
就像是绿色的海洋。

每当阵阵风儿吹来，一层赶着一
层涌向远方，我觉得今年又是充
满希望的丰收年。

好啦！话不多说，
接下来，我们就开始制作团扇吧！

自然创作

如何制作
树枝国风团扇?

一起用春天的颜色在扇面上

描绘出你最喜爱的

春日景象吧!

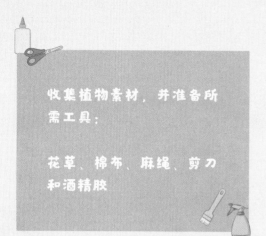

收集植物素材，并准备所需工具：

花草、棉布、麻绳、剪刀和酒精胶

3 尽情进行扇面创作吧

1 用树枝拼出框架，用麻绳固定

4 制作完成

2 粘上棉布，裁剪掉多余部分

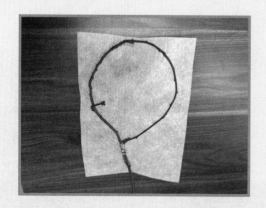

148

图书在版编目（CIP）数据

陪孩子玩转春夏秋冬.听，落在春天的风 /
Hiddenland 自然教育学院，王释熠，金崇轲编著.-- 北
京：民主与建设出版社，2023.11
ISBN 978-7-5139-4437-3

Ⅰ.①陪… Ⅱ.①H… ②王… ③金… Ⅲ.①自然科
学－儿童读物 Ⅳ.① N49

中国国家版本馆 CIP 数据核字（2023）第 235030 号

陪孩子玩转春夏秋冬.听，落在春天的风
PEI HAIZI WANZHUAN CHUNXIAQIUDONG TING LUO ZAI CHUNTIAN DE FENG

著　　者	Hiddenland 自然教育学院　　王释熠　金崇轲
责任编辑	郭丽芳　周　艺
策划编辑	王　薇
装帧设计	陈旭麟
插画绘制	梁立春
版式设计	姜　楠
出版发行	民主与建设出版社有限责任公司
电　　话	（010）59417747　59419778
社　　址	北京市海淀区西三环中路 10 号望海楼 E 座 7 层
邮　　编	100142
印　　刷	北京中科印刷有限公司
版　　次	2023 年 11 月第 1 版
印　　次	2024 年 1 月第 1 次印刷
开　　本	690 毫米 × 980 毫米　　1/16
印　　张	10
字　　数	40 千字
书　　号	ISBN 978-7-5139-4437-3
定　　价	200.00 元（全 4 册）

注：如有印、装质量问题，请与出版社联系。

陪孩子玩转
春夏秋冬

全4册

夏天在盎然的绿意里

Hiddenland自然教育学院

王释熠 金崇轲 / 编著

民主与建设出版社

·北京·

"奇妙自然"
夏令营开营啦！

　　"夏早日初长，南风草木香。"时入夏季，绿荫遍野，万物繁盛，大自然的一切都变得鲜活起来，不管是什么生物，到夏季总会出来亮亮相。

　　一起走进山野，拥抱夏日的微风，大口呼吸来自土壤和大树的气息，感受充满蓬勃生命力的自然脉搏，收获探索世界的勇气吧！小动物朋友们等你很久了，快快动身吧！

噗噗

大家好！我是顽皮小猴噗噗！大家觉得我顽皮，我也觉得……

长长的耳朵、大眼睛，我是小仙女"浪味仙"。

浪味仙

果壳

嗨！朋友们！我想说，如果你需要坚果果壳的话，可以来找我，管够！但是你要果壳干吗呢？

布谷……布谷……布谷……在田野上，在山林间，谁没听过我迷人的叫声？

馒头

土豆

我是小黄鹂土豆！我的嗓音清脆悦耳，有诗吟道："两个黄鹂鸣翠柳。"说的就是我啦！

喵，喵，喵……我叫豆丁！很显然，我是一只可爱的小猫咪。

豆丁

球球

其实，我只是在一篇文章的天空中飞过，但是编者坚持在角色表里介绍一下我。好吧好吧，我是球球。

我是一只小浣熊，大家都叫我"干脆面"。说实话，我刚开始也摸不着头脑，直到有一天，我吃了一包干脆面……

干脆面

小狼

我应该挺火的吧？每个人的手机里都少不了我的表情包。你可别说你没有！

我是蜻蜓，也是飞行大师阿龙！我不仅能够在空中倒飞、悬停，还可以360度旋转！

阿龙

锅巴

我本来叫胡巴，因为我是蝴蝶嘛。后来不知道怎么叫着叫着成"锅巴"了。

我叫羊乐多，我爱喝养乐多。攀岩是每只山羊的爱好，我也不例外，希望有一天可以挑战天门山悬崖。

羊乐多

如意

我是小熊猫如意，你不可否认我的可爱，我主要的工作就是卖萌。

我乃大圣也！当然了，我只是名字叫大圣，和那个孙悟空没什么关系，我是只狐狸。

大圣

波波

我是小鱼波波，我爱在水里吐泡泡。

我之所以叫胡椒，是因为我真的很喜欢胡椒。我喜欢料理，喜欢用胡椒烹饪一切，胡椒让这个世界变得更加美好！

胡椒

大黄

我是一只大橘猫,我的爱好是吃罐头!

其实,我是临时帮个忙来客串一下的。不过,还是很开心认识你们啦!我是小鹿哟哟。

哟哟

啾啾

嗨,很高兴认识大家,我是夜莺啾啾!尽管我也在白天鸣叫,但我更喜欢在夜间歌唱!

别再被骗了,刺猬根本不在刺上扎水果,我们甚至不爱吃水果……幸会幸会,我是刺猬"粉条"!

粉条

麦芽糖

在吃蜂蜜的时候,有没有想过这么香甜的食物从何而来?是我是我就是我!

目 录

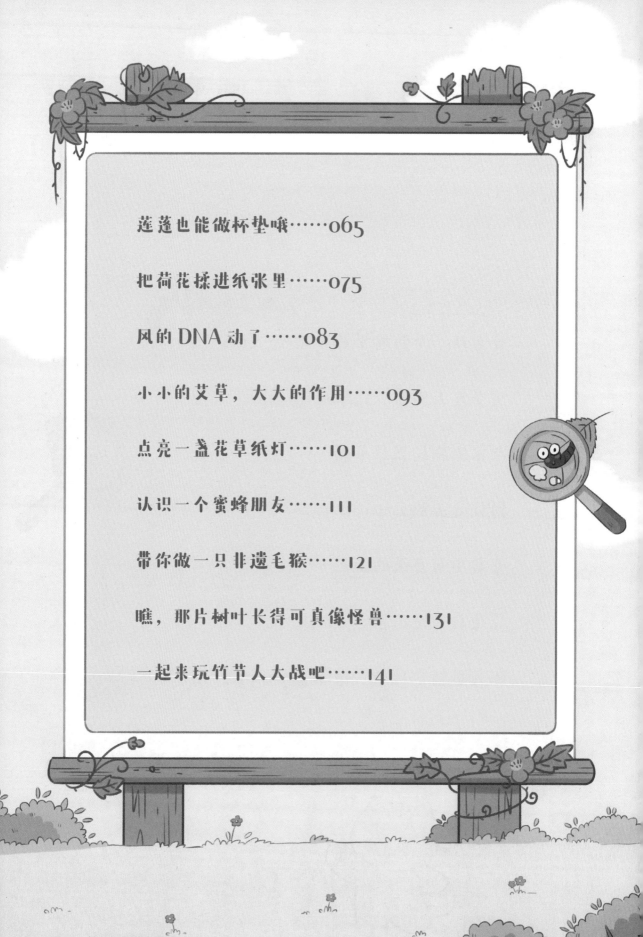

夏天
从一个
竹编果篮开始

自然观察

看起来好美味呀!

这些果篮好漂亮，是用什么做的呀?

这个呀，是我用竹子编的。

竹子也能编果篮?

当然啦，用竹子编果篮还是一门手艺呢!

自然探索

一件竹编从破竹到成品，一般要经过五道工序。
让我们一起来看看吧！

破竹

用一把竹刀把竹子对半等分，就劈成了一根一根可用的篾丝。

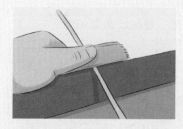

过剑门刀

这一步是保证竹篾宽度一致的秘诀。

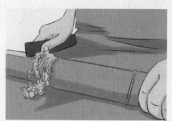

刮青、过圆刀

刮青是保证竹丝均匀光滑的关键步骤，过圆刀则可以使得篾丝的棱角摸起来圆润、不伤手。

染色后晾晒的竹丝

染色，碳化，防虫蛀（可根据实际需要选择性使用）。

编织

竹篾加工好之后，就可以根据所编器物的情况运用不同的编织手法进行编织。

你们了解竹编吗？

自然思考

竹编工艺是我国非物质文化遗产。其历史悠久，在距今约 5000 年的良渚文化遗物中就有竹编器具。

竹编技艺遍布中国各地，较为出名的有安溪竹藤编、东阳竹编和大足竹编等，各个地区的工艺特色各不相同。

竹编通常用于制作各种日常用品和装饰品，如篮子、盆、筐、席子、扇子等。

编织技法经过数百年的发展已经演变出了上百种技法，我们常见的有……

十字编　三角编

人字编　六角编

竹编的工艺好复杂啊！快带我们学学如何制作简易竹编吧！

自然创作

如何制作非遗竹编果篮？

竹材纹理美观，自然朴实，既能盛放物品，也能作为艺术装饰品。

果香混合竹子的天然芳香，仿佛置身于大自然。

收集植物素材，并准备所需工具：

竹子、麻绳、小刀

3 用一根竹条压一挑一

/ 将合适长度的竹子劈成条

4 以此类推，直至横竖各 10 根左右

2 准备好适量竹条

5 完成后调整竹条间距

6 将四个末端用麻绳一一绑定

7 大功告成

感受夏天的第一缕清风

自然观察

自然探索

竹子的用处可大着呢!
让我先给你科普一下竹子吧!

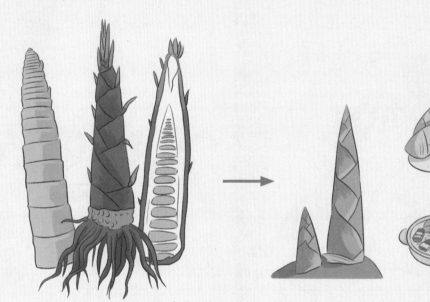

竹笋的纵切面

竹笋能制作成很多美食哦!

我们的国宝熊猫
最爱吃竹子啦!

20 年后，收获一片竹林　　　竹子成年需要 3~5 年　　　逐渐长成小竹子

让我们一起动手来画一根完整的竹子吧！

自然思考

你是不是认为竹子是树？

竹子那么高，当然是树啦！

竹子是草不是树！
没想到吧？

竹子与小麦、水稻有着
亲缘关系，是一种特殊
的禾草植物！

但是竹子的茎是木质的，竹芯是
空的。而树木有年轮，所以竹子
是草不是树哦！

原来如此！
竹子是不是也长得很快？

说得没错！竹子可以说是世界上长得最快的植物之一。竹子之所以长得快，是因为每一节的竹节里都有分生组织，分生组织不断产生新的细胞，使相邻竹节间的距离逐渐拉长。

你看，这些竹子在短短几年内就可以长得这样高大茂密，为我们提供清新的空气和美丽的风景。

竹子也会开花吗？

当然会！竹子的花朵像稻穗一样，不同种类的竹子花颜色各异，但都以黄、绿、白为主色，有些还配有红色、粉色等。

有趣的是，竹子只有濒临死亡（如遇水灾、干旱、虫害等自然灾害）时才会开花，所以竹子一生中开花的次数很少。

竹子除了观赏价值，
还有其他用途吗？

竹子有很高的经济价值，它的纤维具有透气、吸水、
耐磨等特性，可以制作成各种家具和工艺品。

而竹笋、竹米、竹鞭都是可食用或入
药的宝贵食材，深受人们喜爱。

竹子真是了不起的植物，
它不仅美丽，而且能为人
类提供丰富的资源，真是
天然的宝藏！

是呀！我们现在开始用
竹子来制作竹扇吧！

如何制作手工竹扇?

制扇,自古就是"百工"之一,分平扇和折扇两大类。折扇一般用
竹木做扇骨,宣纸做扇面;平扇有柄却不能折叠。

当手工折扇同时拥有折扇与平扇元素,就显得格外接地气!

一起自制纳凉小助手之简易竹扇吧!

收集植物素材，并准备所
需工具：

竹子、花草、小刀、磨砂纸、
白胶、宣纸、小锯子

3 再劈成等粗的竹条，并用磨砂纸磨
去竹条棱角

1 将竹子锯成适当长度

4 用火烘烤竹条，并掰弯

2 将竹节上端劈开

5 掰成扇面后，压住定型

6 用宣纸裱好扇面

7 粘上花瓣

8 一把手工竹扇就制作完成啦

欢乐的

狗尾巴草

草编

自然观察

1、2、3……

得赶紧找个地方藏起来……

这里看起来不错哎!

哇哦!

大家在夏天一定注意过路旁的狗尾巴草，
但大家知道吗？狗尾巴草可不止一种！

大狗尾巴草

金色狗尾巴草

棕叶狗尾巴草

你们还注意到哪些不一样的狗尾巴草？

自然思考

你知道吗？我们在夏天常常忽略的狗尾巴草其实功能多多！

狗尾巴草的秆和叶子可以作为牛、马、羊等动物的饲料，这些动物都非常喜欢吃！

而在秋季，干燥的狗尾巴草可以作为燃料。

不仅如此，狗尾巴草的小穗还能提炼出一种叫作糠醛的物质，用作塑料、医药、农药的工业合成。

对极啦！此外，狗尾巴草还有一项有趣的用途：全草加水煮沸后的液体可以用来喷杀一些菜虫！

狗尾巴草对生长条件的适应性很强，这使得我们经常可以在农田、路边和荒地上看到它们的身影。

所以，狗尾巴草可不是杂草，而是有益的小草！

自然创作

如何制作
狗尾巴草草编？

草编，是我国传统的民间手工艺，多为就地取材，采用棕叶、草叶等进行编织。

当随处可见的狗尾巴草与小兔子碰撞出火花，你会心动吗？

027

收集植物素材：

狗尾巴草

3 用四根狗尾巴草作为小兔子的四肢

1 取两根等长的狗尾巴草，当作小兔子的耳朵

4 取一根狗尾巴草捆住中间部位形成身体

2 再取一根狗尾巴草，把耳朵捆住，当作兔头

5 草编小兔子就制作完成啦

留住夏天的云

自然观察

今天的云可真美啊！

自然探索

你真的了解这么多美丽的云朵吗？

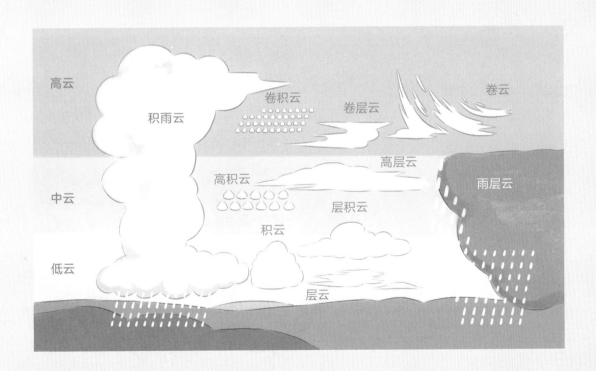

你们有没有观察过这些漂亮的云朵呀？
一起动手画几朵吧！

自然思考

看了这么多美丽的云朵，大家知道云和雨是如何形成的吗？我们一起来看看吧！

成云
水蒸气升入天空后，凝结成云。

降雨
藏在云中的水滴以雨、雪等形式落下。

蒸腾
植物经过蒸腾，形成水蒸气。

地表径流
雨落到地上，汇入大海。

蒸发
海水通过蒸发进入空气，形成水蒸气。

这么美的云，我们能留住吗？

如何抓住夏天的云?

将棉花糖云朵藏进画框，

透过阳光，

感受梦幻的夏天

用盐可以做出软软的蓬松感

一起动手做出一朵咸味的云吧！

准备所需工具：

盐、相框、小刷子和胶水

3 摇晃均匀后，将盐倒出

1 用小刷子蘸上胶水，在相框上绘出云朵的形状

4 在需要修补的地方，再刷一层胶水，小心且准确地撒上盐

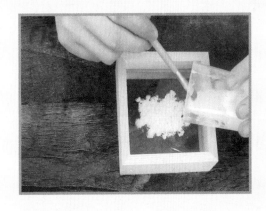

2 在绘好的"胶水云"上撒上盐

5 用小刷子调整形状和细节

6 夏天的云朵被抓住啦

桑葚里有
夏天的
颜色

自然探索

这件礼服是我用桑葚扎染做出来的哦！你们了解吗？

生长习性

桑树原产于中国中部地区，有 4000 多年的栽培史，是桑科桑属多年生落叶乔木。

桑树可适应各种环境，所以种植分布广泛。桑葚一般在每年的 5—7 月成熟。

形态特征

桑葚的每一颗小球都是由一朵花发育而来，这些小球拥抱在一起就形成了甜美的聚花果。

白桑葚

黑桑葚

红桑葚

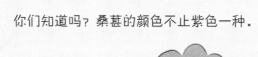

你们知道吗？桑葚的颜色不止紫色一种。

自然思考

相信大家在吃桑葚时，手指和舌头常被染成黑紫色，这主要是因为桑葚果实里含有大量的花青素和花色苷，这可是天然的色素。

桑葚还能做扎染？好神奇！这是为什么呢？

当然啦，桑葚扎染不仅能够为衣物增色，还有很多作用呢！

小小的桑葚，有着"民间圣果"的美名，是天然的抗氧化剂！

这怎么说呢？

早在 2000 多年前，桑葚就是中国皇帝御用的补品，功效多多！

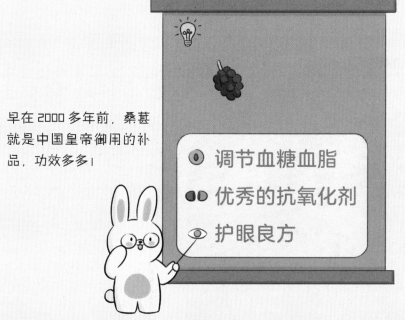

- 调节血糖血脂
- 优秀的抗氧化剂
- 护眼良方

原来桑葚还有这么多好处！我要多吃一点！

桑葚虽好，但食用过度会有饱胀的感觉，建议新鲜桑葚每次食用量控制在 20~30 颗哦！

不如我们趁着夏天还在，多采集一些桑葚，学学如何做扎染吧！

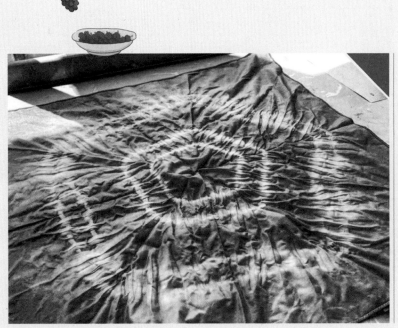

如何提取夏天的颜色？

翠绿的桑林，压弯枝头的桑果，都以色彩渲染大地。

让我们一起用扎染工艺，提取属于夏天的颜色吧！

收集植物素材，并准备所需工具：

桑葚、容器、卡式炉、捣碎棒、布料、皮筋、夹子、木片、明矾或盐

3 将桑葚汁煮沸

1 将桑葚捣碎

4 开始扎结布

2 滤出桑葚汁

5 用橡皮筋等工具，将面料扎成你喜欢的样子

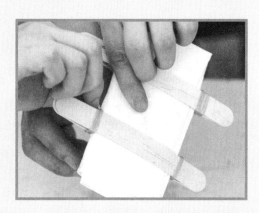

6 将扎好的布料放入盆里煮 10 分钟

9 将布拧干，展开晾晒

7 取适量明矾或盐，倒入一盆清水中备用

10 美丽的桑葚扎染布就制作完成啦

8 将煮好的布料放置在明矾水或盐水中，浸泡 5 分钟

寻觅

自然

造纸术

自然观察

嘿，你们好！我这是为了做好看的花草纸哦！

花草纸？什么是花草纸？

自然探索

花草纸就是用鲜花和植物叶子制作而成的纸张。我先带你们一起去看看我采摘了哪些美丽的植物吧！

牵牛花

荷花

野菊花

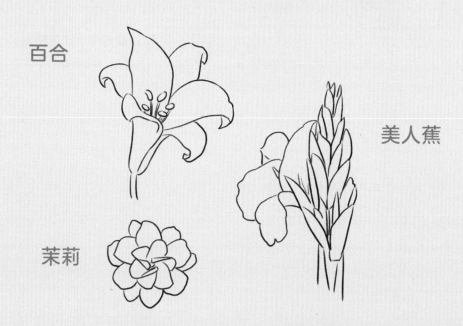

百合

美人蕉

茉莉

向日葵

月季花

薄荷

常春藤

栀子花

向日葵

夏天植物的色彩真是太丰富啦！
我们一起来为它们涂上美丽的颜色吧！

自然思考

欣赏完这些属于夏天的花草，我再来给你们介绍一下中国四大发明之一 —— 造纸术。

造纸术是用植物纤维制作成纸的技术。在西汉时期，人们就已经掌握了基本的造纸方法。

到了东汉，宦官蔡伦总结前人的经验，改进了造纸工艺，用树皮、破布、旧渔网等制作纸张，大大提高了纸的质量。

于是，纸张变得更易制作，价格也更加便宜，所以纸张的使用逐渐普及了。对不对？

正是如此！纸张逐渐取代简帛，成为人们广泛使用的书写材料，也方便了典籍的流传。

那造纸术后来又有什么进展呢？

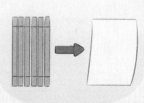

在魏晋南北朝时期，无论是在产量、质量，还是加工等方面，造纸术都有了进一步的提升。
具体体现在纸张变得更白、质地也更加细腻，而且有明显的帘纹，纤维束更少。

真是厉害啊！造纸术的发展让纸张的质量更高，使用也更加广泛。

是的！而且造纸术不仅方便了人们的书写，还促进了文化的传播。公元7世纪，造纸术传入日本，公元8世纪传到欧洲各国。

造纸术的影响力跨越了时空，对世界范围内的文化传播都起到了重要的作用。

谢谢你的分享，让我们学到了这么有趣的知识。接下来，我们一起去制作这美丽的花草纸吧！

自然创作

如何制作非遗花草纸？

将夏日花草融入纸里，

散发着清香，

描绘别样的夏天。

收集植物素材，并准备
所需工具：

花草、纸巾、过滤框、
一盒水

3 用过滤框进行抄纸

1 将纸巾撕碎，泡在水中，并搅拌均匀

4 放在阳光下，自然晾干

2 撒入干叶碎末，铺上心仪的花叶，然后搅拌均匀

5 将纸揭开，就制作完成啦

阳光也能「打印」植物

自然观察

用太阳"打印"植物？听起来好神奇啊！

其实就是一种借助自然力量的"打印"方式，我们也把这种方式称为"蓝晒"。

自然探索

来看看我制作的植物蓝晒吧！

你们知道植物蓝晒是怎么做的吗？

自然思考

早在 1842 年，国外的赫歇尔爵士就发明了蓝晒法。

他利用铁离子在紫外线照射下生成普鲁士蓝色物质，从而制作出持久的蓝色照片。这就是蓝晒法的原理！

这听起来真神奇！那蓝晒法是怎么做的呢？

蓝晒法的主要原料是铁氰化钾和柠檬酸铁铵。

铁氰化钾

柠檬酸铁铵

我们首先要将这两种原料配置成感光剂，然后涂抹在纸张或布料上，制作成感光底片。这些底片就像是一种特殊的材料，可以捕捉光线。

怎么捕捉光线呢？

准确来讲，底片会在阳光的照射下产生变化。我们只需要将想要制作的物体固定在底片上，然后把整个底片放在阳光下曝光一段时间。

在这个过程中，底片上没有被物体挡住的地方会暴露在阳光下，而被物体遮挡的地方则会保持不变。

曝光之后，底片上暴露在阳光下的部分会发生化学反应，生成普鲁士蓝色物质。
而没有被阳光照射的地方则会保持原样。这就是为什么曝光之后，底片上会出现蓝色的影像。

那最后的图片是不是
蓝色的?

对！当底片经过曝光
和化学反应后，我们只
需要将它洗涤，去掉多
余的感光剂，然后就会
留下蓝色的图像！

太酷了！我从来没有想过
制作照片可以这么有趣。
让我们一起来解锁一下
"阳光下的艺术"吧！

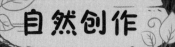

如何用太阳"打印"植物？

如何在没有照相机的情况下，
让植物变成能够长存的影像？

一起成为大自然中的摄影师，
在古典印相工艺的学习中，
感受阳光慢速显影的魔法，
制作一件独一无二的蓝晒作品吧！

收集植物素材，并准备所需工具：

花草、柠檬酸铁铵溶液、铁氰化钾溶液、相框、水盆、夹子、纸、刷子、盆子、夹板

3 将涂有蓝晒液的纸在避光处晾干，把植物在纸上摆好

1 将柠檬酸铁铵溶液和铁氰化钾溶液按 1:1 混合，形成蓝晒液

4 再用夹板压好，防止植物挪动，可以使用透明的亚克力板

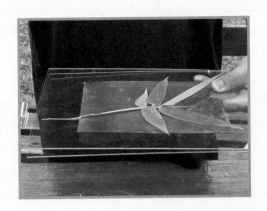

2 将混合好的蓝晒液刷在纸上，薄薄一层就好

5 把用夹板压好的蓝晒纸放在阳光下晾晒 10~20 分钟

6 将晒好的纸用水冲洗至蓝色显现，晾干

7 装框制作完成

莲蓬也能做杯垫哦

自然观察

自然探索

荷花，又叫莲花、芙蕖（qú），是中国十大名花之一。让我们来了解一下吧！

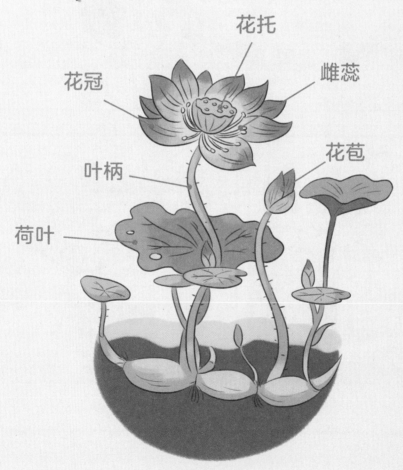

花托

花冠

雌蕊

花苞

叶柄

荷叶

相信大家一定在夏天的公园里遇见过盛开的荷花。一起动手画一画吧！

自然思考

你怎么啦？
看起来很疑惑。

我在想，为什么水滴
能在荷叶上滚来滚去
的呢？

这是因为荷叶表面覆盖着
一层具有超疏水性能的蜡
质膜。

这种特殊的构造，就像是一座座
毗连的山峰。当水落在荷叶上时，
就会比较容易形成水珠。

水珠随风滚动，不仅会浸湿叶
面，还能带走叶面的污物。这
就是荷花"出淤泥而不染"背
后的玄机啦！

原来如此！我突然想起来，人们爱吃的莲藕和莲子，是不是从荷花上采摘的？

你说对了！人们爱吃的莲藕是荷花的茎，而莲子则藏在荷花的莲蓬里。我们一起来看看吧！

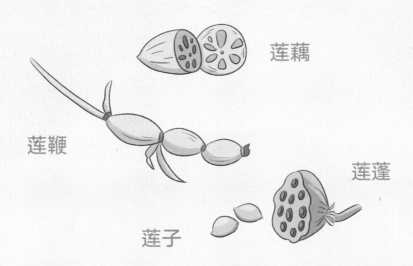

莲藕

莲鞭

莲蓬

莲子

看来荷花浑身都是宝呢！

说得对呀！而且形状可爱的莲蓬还经常被用作家居装饰品呢！

不如我们尝试用莲蓬做个手工吧！

如何制作莲蓬杯垫?

莲蓬,既能食用,也能作为自带清风的小摆件。让我们为生活增添一丝国风味道,一起自制夏日"莲蓬茶杯垫"吧!

3 用剪刀修剪多余的外皮，使其平整

收集植物素材，并准备
所需工具：

莲蓬、剪刀

1 将莲蓬底部剪开

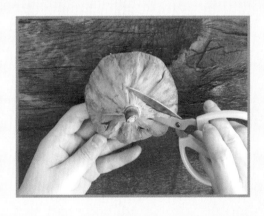

4 放在书中压干、定型

2 小心取出一颗颗藏在莲蓬里的莲子

5 夏日限定的莲蓬杯垫就制作完成了

把荷花揉进纸张里

去画画喽!

你这是什么纸呀? 以前从来没见过呢!

这个呀, 是我自己用荷花做的植物纤维纸。

荷花还能做纸吗? 好神奇呀!

自然探索

当然可以啦！在此之前，让我们先来欣赏
一下这些美丽的荷花吧！

墨红

梦瑶台

烟雨

金陵凝翠

至尊千瓣

惊艳1号

夏季的荷花简直太漂亮啦！你还见过其他荷花吗？
来画一画吧！

自然思考

荷花自古以来就是受人们追捧的花卉。
古人称荷花为"花中君子"，周敦颐的名篇《爱莲说》称其
"出淤泥而不染"，将其视为清白、高洁的象征。

是的，荷花有很多象征，比如清廉、爱情和友谊。
还有很多关于荷花的优美的古诗词，正适合在这个
美丽的季节来读一读。

小池

南宋·杨万里

泉眼无声惜细流，树阴照水爱晴柔。
小荷才露尖尖角，早有蜻蜓立上头。

江南

汉·汉乐府

江南可采莲，莲叶何田田。鱼戏莲叶间。
鱼戏莲叶东，鱼戏莲叶西，鱼戏莲叶南，鱼戏莲叶北。

阮郎归·初夏

北宋·苏轼

绿槐高柳咽新蝉。薰风初入弦。
碧纱窗下水沉烟。棋声惊昼眠。
微雨过，小荷翻。榴花开欲然。
玉盆纤手弄清泉。琼珠碎却圆。

自然创作

如何制作
植物纤维纸？

秋已至，

夏未央。

将荷叶揉进纸里，

抓住夏天的尾巴！

收集植物素材，并准备所需工具：

荷花、荷叶、纸巾、水盆、破壁机、过滤框

3 将打磨好的纸浆倒入水盆搅拌均匀

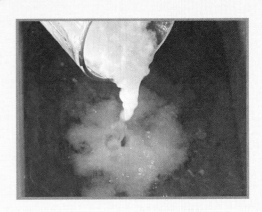

1 将纸巾撕碎扔入水中，浸泡打湿

2 用破壁机磨成纸浆

4 将荷花用破壁机搅碎

5 搅碎完成后倒入水盆

6 将荷花花蕊撕碎，撒入纸浆中，作为点缀

9 等待晾晒风干

7 将水盆中的纸浆搅拌均匀

10 大功告成啦

8 将过滤框倾斜放入纸浆中铺满

自然探索

你看，这不就是风在动吗？

风吹动树叶，树叶开始跳舞

风吹动小湖，湖面水波闪闪

风吹动豆丁，豆丁的毛发随风飘扬

风吹动白云，白云也开始飘动

你们见过哪些风的轨迹？我们一起来画一下吧！

自然思考

风也有轨迹吗？

其实风本身是由空气流动引起的一种很常见的自然现象，只要有空气的地方，就有可能产生风。

严格来讲，风是空气相对于地面的水平运动。当相邻两处的气压不同时，空气就会从高压处向低压处移动。

那风是不是会给我们带来很多帮助呢？

那是肯定的！我来给你详细讲讲！

适度的风对改善农田环境有着重要作用，风可传播植物花粉、种子，帮助植物授粉和繁殖。

风有利于近地层污染物的扩散，对净化空气、驱散雾霾起到积极作用。

风能是一种清洁的可再生能源，合理利用风能，建立风力发电站等，可减少污染，利于环保。

但风是有两面性的，有时风会让我们闻风丧胆，比如台风来临时，我们一定要加强防范意识！

如何制作
牙签风铃?

牙签与线绳的结合，由线到面，
编织成网，温润柔和的美感使人
置身于大自然。
从实用到美学，织艺绘梦，
在清风的摇曳中，缱绻着幽然的
情愫。

准备所需工具：

绳子，牙签

3 第三根牙签反向压一挑一

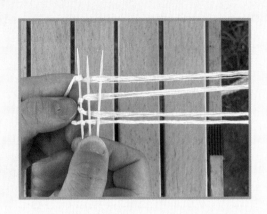

1 在一根牙签上均等地系四捆绳子

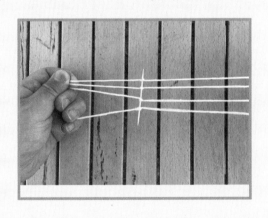

2 第二根牙签压一挑一

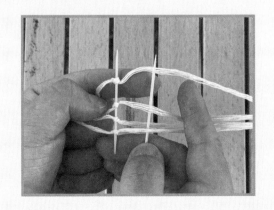

4 以此类推至合适长度

5 调整绳子间距

6 在牙签末端绳子处打上结

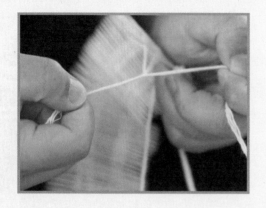

7 将牙签两端反向扭转

8 大功告成！看看牙签风铃如何描绘
风的律动吧

小小的艾草，大大的作用

你在干什么呀？

你们好！我在采集艾草，准备制作艾香。

艾草？那是什么？

自然探索

艾草是一种植物，会散发出特殊的香气，我们一起来看看吧！

艾草档案

科：菊科
属：蒿属
种：艾草
原产地：亚洲地区
花期：7—10月
生长周期：多年生

茎有少数短分枝，茎、枝被有灰色蛛丝状柔毛，植株有浓香。

叶片为二回羽状深裂，边缘有锯齿，上表面绿色，下表面白色。

花小，黄绿色，聚伞花序顶生或腋生。

你们见过艾草吗？在生活中接触过吗？

自然思考

艾草的应用在我国历史悠久，既是医家的宠儿，又是文人笔下的常客。

浣溪沙

北宋·苏轼

软草平莎过雨新，轻沙走马路无尘。
何时收拾耦耕身？
日暖桑麻光似泼，风来蒿艾气如薰。
使君元是此中人。

 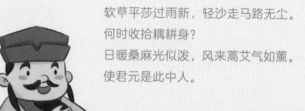

民间也一直认为艾草有招百福的作用，常把艾草、菖蒲、雄黄、檀香等装在小布袋内做成香囊，再用五彩线系着，挂在身上，以求健康。

你说得没错！青团是用艾草汁拌进糯米粉里，再包裹进馅料，甜而不腻，带有清香。可好吃了！

我突然想起来，江南地区的传统特色小吃——青团，也是用艾草制作而成的！

不过，其实青团并不是为清明准备的，而是寒食节的食物。但由于两个节日紧挨在一起，人们就把两者合并，在清明开始吃青团了。

此外，我们还可以将艾草晒干，制作成艾香这种独特的植物制品。

艾香有许多好处哦，比如驱虫。夏天蚊虫多，艾香可以让虫子们远离我们。

那艾香有什么作用呢？

原来艾香还可以驱虫啊！那还有其他用途吗？

当然！除了驱虫，艾香还可以用来祛湿和驱寒。说了这么多，不如我们一起来制作艾香吧！

自然创作

如何制作非遗艾香?

艾香的制作,

源自古人千年前的非遗技艺。

这个夏天,

一起动手做一支艾香吧!

收集植物素材，并准备所需工具：

艾叶、烧杯、研磨器或捣碎棒、楠木粉、铜针筒挤香器、托盘

3 将艾叶粉末和水充分搅拌成泥，其中适当添加楠木粉

1 将艾叶均匀摊开，放在阳光下晒干

4 将揉捏成团的艾泥放入铜针筒挤香器中，准备好盛香的托盘

2 将晒干的艾叶手工捣碎或用石磨磨成粉末

5 用力将艾泥笔直挤出，控制好艾香的长度

6 将制作好的艾香放置在阳光下晾晒，
适当转动艾香使其均匀受热

7 晒干后，艾香就制作完成啦

点亮一盏
花草纸灯

自然观察

晚上好呀！你们的灯笼
好漂亮，我从来没见过
这么好看的灯笼。

自然探索

当然没问题！我们先来给你展示一下
我们做的灯笼吧！

我的纸灯是用茉莉花、
牵牛花和小草做的。

我主要采用了栀子花、
向日葵花瓣和薄荷叶。

我最喜欢鸢尾了，所以我
用了鸢尾、月季和柳叶。

大家做的灯笼都太漂亮啦！我们一起来
给它们涂上我们最喜欢的颜色吧！

中国的灯笼统称为灯彩，其历史可以追溯到 2000 多年前的西汉时期。

是的！灯笼是一种非常古老的民俗手工艺品，是中国古人智慧的结晶。

当然，灯笼并不仅仅是为了照明。在中国文化中，灯笼也是一种象征。

灯笼代表着人们对美好生活的向往。在庙宇中、客厅里，人们常常会挂上灯笼，希望能够招来吉祥和幸福。

每年元宵节前后，人们还会挂起象征团圆的红灯笼，来营造一种喜庆的氛围。

这些灯笼不仅有美好的寓意，还被细分为很多种类呢！

常见的种类有宫灯、纱灯、吊灯等。从造型上分，有人物、山水、花鸟、龙凤、鱼虫等。除此之外，还有专供人们赏玩的走马灯。

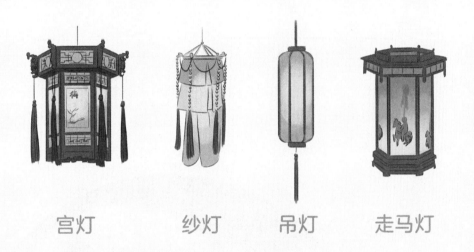

宫灯　　　　纱灯　　　　吊灯　　　　走马灯

太有趣了！我已经迫不及待
想要尝试做一个纸灯了！

自然创作

如何制作
非遗花草纸灯？

透过灯光，植物的纹理显露无余，柔和的暖色调，让空间里的小角落变得温馨起来，尽显传统又浪漫的中式之美。

一起做一盏花草纸灯吧！留住生活中充满诗意的美。

3 将白胶用水以 /：/ 的比例调和，把采集好的花草植物按照一定的样式贴在气球表面，用刷了白胶溶液的草纸均匀覆盖

收集植物素材，晒干，并准备所需工具：

花草、气球、白胶、烧杯、刷子、夹子、绳子、草纸、灯泡装置

4 再铺上一层草纸，用白胶溶液均匀刷平，使其整体粘贴牢固，可多刷几层加固

1 采集心仪的花草植物，压干定型，防止变色

2 将气球吹至适当大小后扎紧，把准备好的草纸平铺在气球表面，并用清水刷平、粘牢

5 将气球放置在阳光下晾干

6 待气球表面的草纸晾干后戳破气球，内置灯泡装置，花草纸灯就制作完成啦

认识一个
蜜蜂朋友

自然观察

嗨，你好呀！你怎么了？
你看起来很悲伤。

啊！天气太热了！
我的糖都化了！

自然探索

我是麦芽糖，很高兴认识你！让我来
给你介绍一下我们小·蜜蜂吧！

蜜蜂

昆虫纲
膜翅目
蜜蜂科

习性

蜜蜂以植物的花粉和
花蜜为食。

益处

为农作物、果树、蔬菜、牧草等作物传粉；酿蜜。

特征

群居昆虫，由蜂王、
工蜂和雄蜂组成。

幼虫

受精卵

受精卵

未受精卵

蜂王

工蜂

雄蜂

蜂巢

是蜂群生活和繁殖后代的
处所。其内部结构称为蜂
房，蜂房由一系列以蜂蜡
制作，紧密排列的六角柱
体蜂室所组成。

分区

卧室：栖息之处；
产房：繁衍育蜂；
厨房、仓库：贮藏、酿造食物。

自然思考

你们采集的花蜜好香啊！

你的糖不是全化了吗？我们可以送你一些蜂蜜，来替代糖！

那真是太感谢啦！那蜂蜜到底是如何炼成的呢？

且听我和你慢慢道来……

蜜蜂吸食花蜜，混入自己的
消化液中。

将混合消化液的花蜜吐
到巢格里。

养蜂人提取出在巢格里
酿造成熟的蜂蜜。

为将蜂蜜中多余的水分蒸发出
来，内勤蜂不断地扇动翅膀。
消化液中的转化酶则将花蜜中
的多糖转化为单糖——葡萄糖
和果糖。

原来蜂蜜是这样炼成的啊，真是太厉害了！
能够认识你们，真是太开心了！

如何做只夏天的小蜜蜂？

你知道吗?

松果内藏有的斐波那契数列原理,在艺术、设计界中被称作『黄金分割数列』。

而蜜蜂构筑的蜂巢,是最严格的六角柱形体,因此蜜蜂被称为『天才的数学家兼设计师』。

将『松果』做成『蜜蜂』,这算得上是大自然最完美的一次融合吧!

3 将树叶对半剪开，当作蜜蜂的翅膀；将六根树枝作为蜜蜂的脚，粘在蜜蜂身体上

收集植物素材，并准备所需工具：

松果、毛桃、树枝、树叶、小花、剪刀、胶枪

1 将组装蜜蜂各身体部分的材料进行初步分类、修剪

4 取两根小树枝当作蜜蜂的触角，并在蜜蜂背部粘上用于装饰的小花

2 用胶枪粘连作为蜜蜂头部的毛桃和身体部分的松果

5 松果蜜蜂就制作完成啦

带你做一只非遗毛猴

自然观察

你在干吗呀？
你看起来很疑惑。

我突然发现了这个，
不知道是什么。
你知道吗？

这个是蝉蜕，也就是蝉蜕变后留下的外壳。

原来如此！

你知道吗？利用蝉蜕，还能做出一个"你"！

是的，是你！一只毛猴！我来带你看看！

自然探索

毛猴是老北京的传统手工艺品，为北京市非物质文化遗产。在过去，"买猴料，粘毛猴"是过年必有的习俗，无论贫穷还是富贵，人们都会为自己的孩子买一只毛猴过节。

有拉二胡的……

有卖冰糖葫芦的……

有下象棋的……

蝉蜕还真可以做出一个我呀！

125

自然思考

除了做毛猴，蝉蜕还有很多用处，比如医学研究。

蝉蜕中含有一种叫作壳聚糖的物质，它具有抗菌和抗炎的作用。科学家们正在研究如何利用这种物质来制作药物和敷料，以帮助人们治疗伤口和疾病。

真的吗？蝉蜕居然有这样神奇的功效！

此外，蝉蜕还可以用于农业。因为蝉蜕中富含氮、磷、钾等养分，可以作为有机肥料，为农作物提供营养。

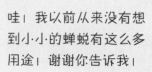

哇！我以前从来没有想到小小的蝉蜕有这么多用途！谢谢你告诉我！

自然创作

如何制作非遗毛猴?

古人也有如此大的"脑洞"啊!毛猴,体现的是人间百味,充满着浓厚的生活气息。让我们一起动手做一只非遗毛猴吧!

收集植物素材，并准备所
需工具：

辛夷、蝉蜕、剪刀、镊子
和胶水

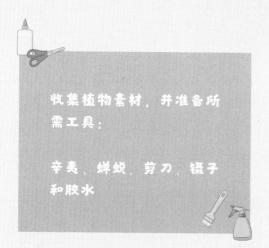

3 将蝉蜕的脑袋粘贴在辛夷梗处

1 将蝉蜕进行拆分

4 在辛夷，也就是"毛猴的身体"上，粘贴后肢

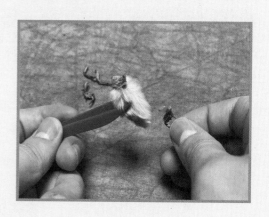

2 准备好四肢及脑袋，辛夷作为身体
（注：如果没有从自然中收集到辛夷，可以在药店里买到哦！）

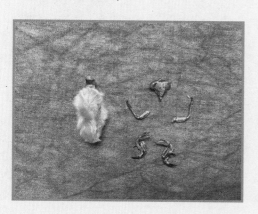

5 接着，在辛夷上粘贴好前肢

6 毛猴制作完成啦

7 可将制作好的毛猴置于不同的场景中哦

长得可真像怪兽

瞧，那片树叶

自然观察

怎么了？你看到了什么？

快看，这片树叶的形状太奇怪了！

这是槭树叶。其实，森林里还有很多看起来奇形怪状的树叶呢，我带你一起去看看吧！

槭树叶

鹅掌楸

琴叶榕

野慈姑

大自然真是太神奇啦!
你还见过什么形状奇特的叶子?

自然思考

森林里有这么多树，每棵树的叶子都不一样。我根本记不下来呀！

别担心，我之前总结了一份树叶图鉴，大家可以根据这份图鉴，收集相应的树叶并粘贴在旁边，做个有趣的树叶集！

有的树叶长得像工具……

针形　披针形　匙形　扇形

有的树叶长得像兵器……

戟形　盾形　剑形　镰形

卵形　　倒卵形　　椭圆形

矩圆形　　心形　　倒心形

有的树叶可以归为几何组……

菱形　　三角形

大自然真是个神奇的画家，每一片叶子都有独特的美丽。谢谢你，带我认识了这么多美丽的叶子！

不如我们用收集的树叶，运用其有趣的形状，做一间怪兽公寓吧！

自然创作

如何制作树叶怪兽公寓？

你想入住怪兽公寓吗？孤独怪异的婆婆，幸福的三口之家，快乐到起飞的独眼怪兽……

大胆发挥你的想象力，给怪兽公寓添加新成员，开启一段童话之旅吧！

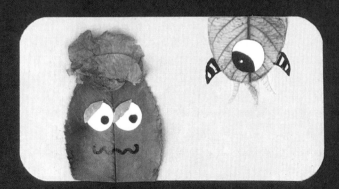

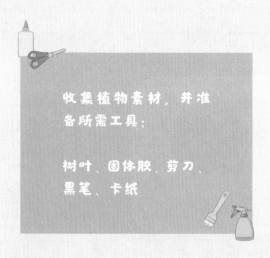

收集植物素材，并准
备所需工具：

树叶、固体胶、剪刀、
黑笔、卡纸

3 发挥想象力，大胆创作

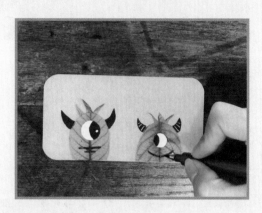

1 选取适宜的树叶定好位置

4 粘贴在卡纸上，怪兽公寓就制作完成啦

2 将树叶背面涂上胶水

一起来玩
竹节人大战吧

自然观察

哇，好美的景象呀！

他们玩什么呢？

你们在干吗呢？

我们在玩竹节人大战呢！

竹节人？

是啊，竹节人是一种非常神秘且有趣的手工艺品。加入我们吧！

自然探索

给你看看我们的竹节人吧！

好呀好呀！

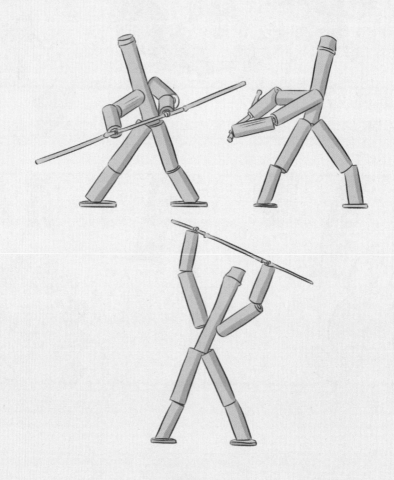

你打算做个怎样的竹节人？
先设计一下，然后将它画下来吧！

自然思考

你们知道吗？竹节人是中国传统的手工艺品，是由竹子制作而成的小型人形雕像，形态各异，栩栩如生。

竹节人的历史可以追溯到中国的南北朝时期。

当时，竹工技艺已经相当成熟，人们开始利用竹子雕刻各种手工艺品，而竹节人也是在这个时期出现的。

竹节人是由精选的竹竿手工雕刻而成，其造型细腻、神态传神、妙趣横生，被誉为"东方玉雕"。

制作竹节人还需要丰富的想象力，每个竹节人都有独特的故事和寓意，有些是名人、神仙，有些则是民间故事、戏曲中的角色，还有动物、花鸟等。

想不到小小的竹节人，也有
这么悠久的历史！

它们不仅是艺术品，更是中国
传统文化的载体。

听起来竹节人真的很有
趣，它们就像是一本本
活生生的历史书。

是呀，不如加入我们，一起来制作
属于自己的竹节人吧！

如何制作非遗竹节人？

你有见过竹子做的功夫大侠吗？

竹节人曾是"70后"的流行玩具，将它放在有裂缝的桌上，绳线穿过缝隙，用手拉住运作，两个功夫大侠便没头没脑地对打，不知疲倦，一方倒下才算输。

从桌上的比武，也可能变成桌底的争斗。竹节人大战，势不可当！

收集植物素材，并准备所
需工具：

竹子、笔、锯子、磨砂纸、
小刀、线绳、剪刀、纸片

3 备齐竹节人的身体和四肢

1 用笔在竹竿上标记合适的长度

4 将竹节两端打磨平滑

2 用锯子一一锯断

5 用小刀在主干竹节上打一个孔

6 用线绳将竹节串联起来，形成身体

7 绑上迷你竹节，作为武器

8 给竹节人的双脚"穿"上圆形纸片，用来保持平衡，竹节人就制作完成啦

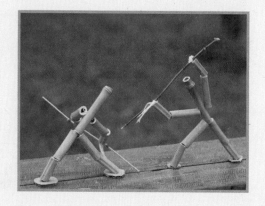

图书在版编目（CIP）数据

陪孩子玩转春夏秋冬 . 夏天在盎然的绿意里 /
Hiddenland 自然教育学院，王释熠，金崇轲编著 . -- 北
京：民主与建设出版社，2023.11
ISBN 978-7-5139-4437-3

Ⅰ . ①陪… Ⅱ . ① H… ②王… ③金… Ⅲ . ①自然科
学 - 儿童读物 Ⅳ . ① N49

中国国家版本馆 CIP 数据核字（2023）第 235031 号

陪孩子玩转春夏秋冬 . 夏天在盎然的绿意里
PEI HAIZI WANZHUAN CHUNXIAQIUDONG XIATIAN ZAI ANGRAN DE LÜYI LI

著　　者	Hiddenland 自然教育学院　王释熠　金崇轲
责任编辑	郭丽芳　周　艺
策划编辑	王　薇
装帧设计	陈旭麟
插画绘制	梁立春
版式设计	姜　楠
出版发行	民主与建设出版社有限责任公司
电　　话	（010）59417747　59419778
社　　址	北京市海淀区西三环中路 10 号望海楼 E 座 7 层
邮　　编	100142
印　　刷	北京中科印刷有限公司
版　　次	2023 年 11 月第 1 版
印　　次	2024 年 1 月第 1 次印刷
开　　本	690 毫米 × 980 毫米　　1/16
印　　张	10
字　　数	40 千字
书　　号	ISBN 978-7-5139-4437-3
定　　价	200.00 元（全 4 册）

注：如有印、装质量问题，请与出版社联系。

陪孩子玩转春夏秋冬

全4册

秋天的落叶飘啊飘啊飘

Hiddenland自然教育学院

王释熠 金崇轲 / 编著

民主与建设出版社

·北京·

"奇妙自然"
秋令营开营啦!

"睡起秋声无觅处,满阶梧叶月明中。"转眼到了秋天,世界变得绚丽多彩起来。
从拾起一片金黄的银杏叶开始,走进大自然,去探索属于秋天的浪漫吧!
看看要一同起身去探险的伙伴们,都有谁吧?

豆丁

喵,喵,喵……我叫豆丁!很显然,
我是一只可爱的小猫咪。

我应该挺火的吧?每个人的手机里都
少不了我的表情包。你可别说你没有!

小狼

果壳

嘿!朋友们!我想说,如果你需要坚
果果壳的话,可以来找我,管够!但
是你要果壳干吗呢?

我叫羊乐多,我爱喝养乐多。攀岩是每
只山羊的爱好,我也不例外,希望有一
天可以挑战天门山悬崖。

羊乐多

如意

我是小熊猫如意，你不可否认我的可爱，我主要的工作就是卖萌。

长长的耳朵、大眼睛，我是小仙女"浪味仙"。

浪味仙

大圣

我乃大圣也！当然了，我只是名字叫大圣，和那个孙悟空没什么关系，我是只狐狸。

别再被骗了，刺猬根本不在刺上扎水果，我们甚至不爱吃水果……幸会幸会，我是刺猬"粉条"！

粉条

干脆面

我是一只小浣熊，大家都叫我"干脆面"。说实话，我刚开始也摸不着头脑，直到有一天，我吃了一包干脆面……

可以不说话吗？

枯枯

目 录

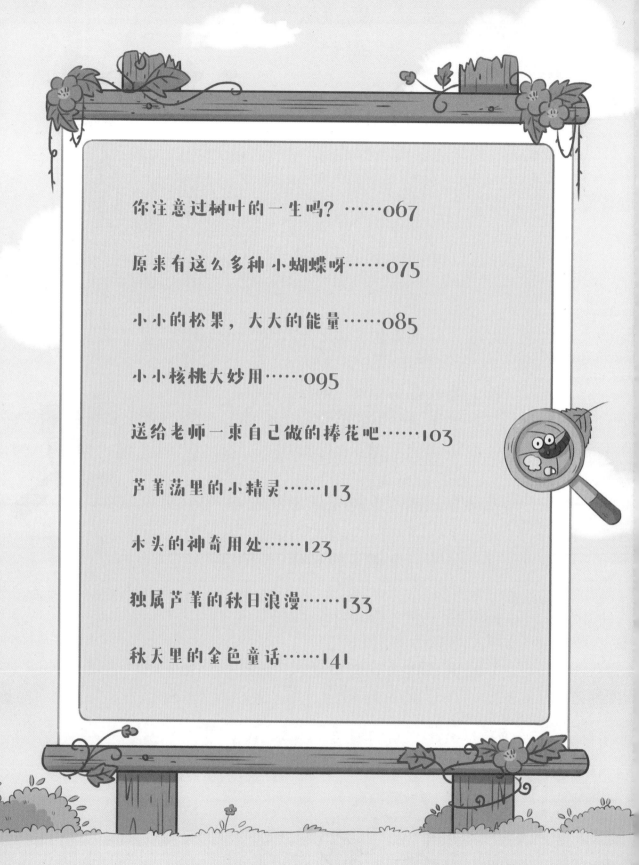

你 有 一 封
秋 天 的 来 信 ，
待 查 收

自然观察

原来是秋天来了哦！

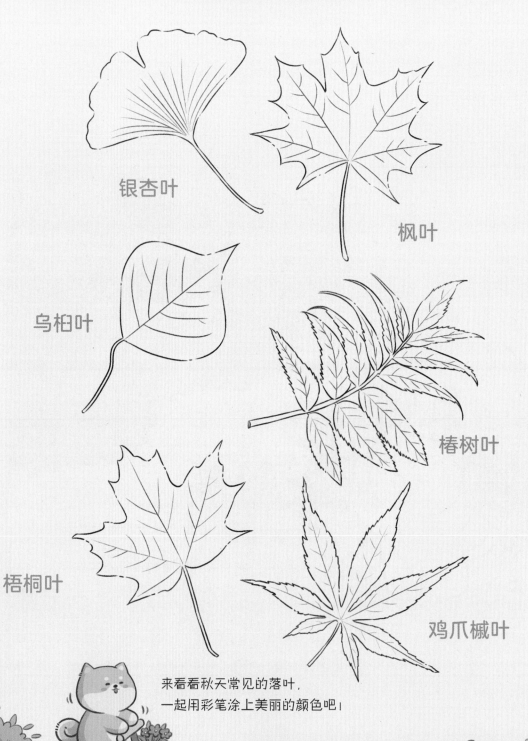

银杏叶

枫叶

乌桕叶

椿树叶

梧桐叶

鸡爪槭叶

来看看秋天常见的落叶，
一起用彩笔涂上美丽的颜色吧！

自然思考

为什么叶子会在秋天掉下来？

落叶是树木为适应低温、干旱等不良气候的一种具体表现，再正常不过啦！

秋天落叶后，树木便进入冬眠，使自己安全度过寒冷的冬季。

那叶子为什么会变黄呢？

树叶呢，是植物进行光合作用、制造养分的主要器官。

可爱的叶子们通过吸收二氧化碳，释放氧气，为树木提供充分的营养。

春夏时节，树木的营养充足，制造了大量叶绿素。叶绿素比其他颜色的色素要多，树叶就呈现出绿色。

但天气冷了之后，树木营养不足，叶绿素就慢慢减少了，其他颜色的色素就在这个时候显现啦！

那为什么叶子外形不一样呢？

叶子的形状对于植物来说，可是一件生死攸关的大事！

它们的形态要保证树木可以捕捉
充足的阳光进行光合作用。

所以，叶子的形状是根据每种植物
所处的环境演变而来的。

自然创作

 如何收到秋天的来信？

 想借秋天的名义写一封信，

 附上落叶，表达浓浓的祝福。

收集植物素材，并准备
所需工具：

树叶、纸

1 收集适量树叶

3 打开大三角，翻到反面

4 将小正方形对折

2 将纸折成如下图所示

5 沿对角线再依次对折

6 打开折痕

9 将两头平行折回

7 沿折痕推成褶皱状

10 将一角向反面翻折

8 翻到反面，将三角时折

11 插进卡槽，制作完成

耶！
接收到咯！

秋天是桂花味的

自然观察

原来是桂花香呀！

做些桂花酱吧！

再沏点桂花茶……

桂花糕也
很好吃耶！

拿一些和朋友们
一起分享吧！

自然探索

你们有没有好奇我做成了什么?
带你们来看看吧!

桂花酒

桂花酒酿

桂花蜜

桂花酱

桂花

桂花冻

桂花茶

桂花糕

原来秋天是桂花味的呀!

自然思考

说了这么多用桂花做的美食，你们真的了解桂花吗？

桂花树主要有四季桂、金桂、银桂和丹桂。

四季桂　　金桂　　银桂　　丹桂

圭

桂花树叶子的叶脉形似"圭"字。

桂花又叫木樨，原产于我国西南地区的云贵川三省。

作为我国十大传统名花之一，桂花在我国的传统文化中寓意丰富。古人常因"桂"和"贵"同音，赋予了桂花"吉祥富贵"之意。

桂花常在农历八月开放，因此农历八月又被称为"桂月"。

自然创作

如何制作桂花折纸香囊?

桂花味儿的香囊,是属于秋天的仪式感。

无论是挂在房间还是车内,暗香盈盈来。

一起将秋天留得更久一点,传递美好心意吧!

3 如下图所示，另外两个角向外翻折成小三角

收集植物素材，并准备所需工具：

桂花、正方形纸、麻绳

1 将正方形纸折成四等份

4 对折出中线后展开

2 将两个对角折成小三角

5 将向外翻折的小三角那两边分别卡进，形成卡槽

6 最后将平行四边形的两个角往反面折，作为卡扣

9 倒入桂花，再卡上另一片

7 重复以上步骤，准备三个

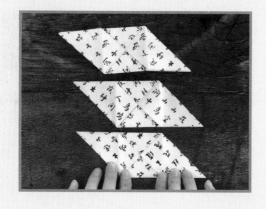

10 塞入打好结的挂绳，香囊就制作完成啦

8 用两片卡扣插入卡槽形成锥形

带你认识一下
柚子

自然观察

好清新的香味！

哇哦！

原来是柚子呀!
真好吃!

自然探索

这个红心柚子也太好吃了吧，让我来看看
这片柚园里还有没有其他品种的柚子。

沙田柚

上市：10 月下旬
产地：发源于广西容县，
南方地区都有种植

金柚

上市：立冬前后，大约 11 月上旬
产地：广东梅州

文旦柚

上市：10 月上旬
产地：浙江台州玉环、
福建仙游度尾

通贤柚

上市：10 月下旬至 11 月中旬
产地：四川资阳安岳

琯溪蜜柚

上市：10 月～12 月
产地：福建漳州平和

你们还知道有哪些品种的柚子吗？

自然思考

你知道吗？现在正是柚子成熟的季节哦！

什么是柚子？我没有听说过呢。

柚子是一种水果，形似橘子，但比橘子要大得多。它们通常在秋天成熟，会从绿色逐渐变成黄色。

柚子好吃吗？

当然好吃啦！柚子酸甜可口，还含有丰富的营养物质！

维生素C
维生素B
胡萝卜素
钙、镁、磷、钾

那柚子在自然界中又有什么作用呢？

柚子是药用价值很高的植物，再加上柚子的果皮味道浓郁，还可以用来制成香料。

我可以尝一下这种神奇的水果吗？

当然可以啦，这一片柚子园都是我种的。你可以带着小伙伴们一起来尝尝，我还可以教你们做柚子花哦！

哇！太感谢啦！

自然创作

如何制作柚子花?

 柚子皮不要扔,
做一朵柚子花,
把来自秋天的浪漫,
送给朋友吧!

收集植物素材，并准备
所需工具：

一个柚子、双面胶、剪刀、
树枝

3 准备两片完整的柚子皮，剪成花蕊

1 将柚子果皮完整剥出

4 按照上个步骤剪好后，在其中一面贴上双面胶

2 将柚子皮剪出花瓣的形状

5 绕着树枝粘贴

6 将花瓣从小到大依次粘贴

7 柚子花就制作完成啦

真神奇，
橘皮也能变成
艺术品

自然观察

自然探索

你知道吗? 柑橘,其实是橘、柑、橙、柚、枳等的总称。而我国是柑橘的重要原产地之一,有千年的栽培历史。

普通橘子

橙子

柚子

柠檬

你们还知道哪些水果可以算作柑橘吗?

自然思考

你们对柑橘皮的了解有多少呢?

我很喜欢陈皮, 无论是陈皮蜜饯还是陈皮茶, 我都很喜欢!

陈皮可以说是最特殊的一种橘子皮, 是由柑橘果皮制成的。

不过, 新鲜的果皮要经过一系列的加工处理, 自然风干一年以上才能被称作陈皮。

这个我知道! 并非所有的橘子皮都可以制成陈皮, 可以制成陈皮的橘子品种主要有茶枝柑、瓯柑、四会柑、蕉柑、红柑等。

而且, 橘子的品种不同, 制成的陈皮在等级上也会有所差别。

橙皮则是甜橙的果皮。甜橙属于
常绿小乔木，栽培于丘陵、低山
地带和江河湖泊沿岸。

大家喜爱吃的橙皮糖就是以橙皮为主要原料，
并佐以砂糖和水制作而成的。

至于柚子皮嘛，大家应该都很
熟悉了，是蜂蜜柚子茶的主要
材料之一。酸酸甜甜的，健康
又好喝！

原来是这样啊，那橘皮
可真是好东西，不应该
被当成垃圾丢掉。

橘皮也很香啊，除了上述的用处，还可以
拿来做装饰品！来，跟我一起看看怎么制
作莫奈风橘花吧！

如何制作莫奈风橘花？

橘子皮在经过晾晒后，
呈现出自然卷缩的弧度。

一起用大自然的笔触挥舞出
满满的莫奈风橘花吧！

收集植物素材，并准备
所需工具：

若干橘子、树枝、小刀、
剪刀和胶枪

3 用剪刀将橘皮划分更细

1 用小刀将橘子从顶部等距划分

4 静置晾晒、变干

2 将橘皮沿着刀痕，小心剥开

5 将晒干后的橘子皮按照大小层层粘贴

6 在橘花背后粘上树枝

7 大功告成

这个兔子灯

有

橘子的香味

自然观察

该给我的好朋友准备什么礼物呢?

啊!好痛!

对啦，就用橘子给浪味仙做个礼物吧!

浪味仙的生日当天，正好是中秋节!

自然探索

柑 橘 家 族 族 谱

宽皮橘 —— 自然杂交 —— 柚子 —— 自然杂交 —— 香橘

柚子 → 橙子

橙子 —— 人工杂交 —— 青柠

橙子

青柠

柑子

葡萄柚

柠檬

橘子的品种可多啦，不过你知道吗？
很多不同品种的柑橘之间都是亲戚关系！

你还知道哪类橘子呢？
画下来吧！

自然思考

橘子的品种不同，糖度也就不同。水果主要含果糖、葡萄糖和蔗糖这三种糖，其中最甜的是果糖，所以含有果糖较多的橘子就会比较甜！

原来是这样呀！

橘子不仅好吃，还有很多益处哟！

橘子中含有柠檬酸，可以帮助我们降低血液中钙离子浓度，使血液凝固受阻，有助于预防血栓的形成，预防动脉粥样硬化。

我还知道一点！橘子中含有的维生素C是强氧化剂，可抑制黑色素沉积，起到延缓衰老和美白的功效！

对呀！橘子还会散发出一种香气，刺激我们的神经细胞，起到安神助眠的效果。希望这个橘子小夜灯可以帮助你晚上休息得更好！

044

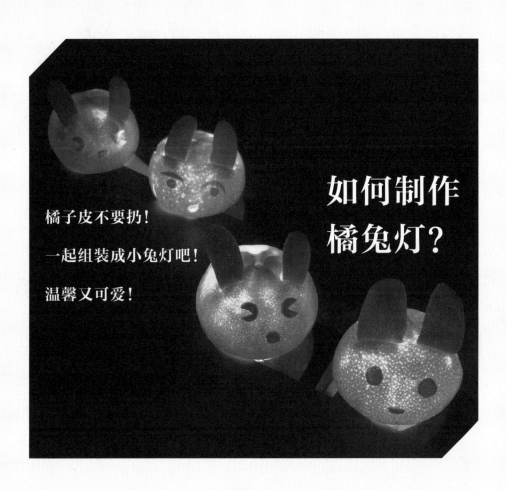

如何制作
橘兔灯？

橘子皮不要扔！

一起组装成小兔灯吧！

温馨又可爱！

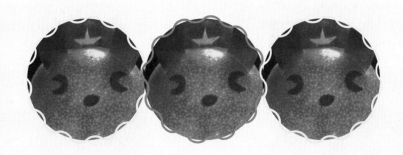

3 用勺子挖出完整果肉

收集植物素材，并准备所需工具：

橘子、小刀、勺子、剪刀、笔、双面胶、小灯

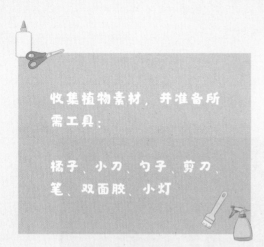

1 在橘子的三分之一处水平划开

4 用备用的橘皮剪出耳朵、眼睛和嘴巴

2 将橘皮掀开备用

5 在完整橘皮上划两道口，用来固定耳朵

6 将耳朵穿插固定

9 用小刀挖空

7 粘贴上眼睛和鼻子

10 放上小灯，就制作完成啦

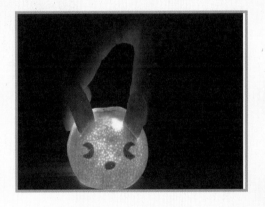

8 在兔脑袋的背面画上心仪的形状

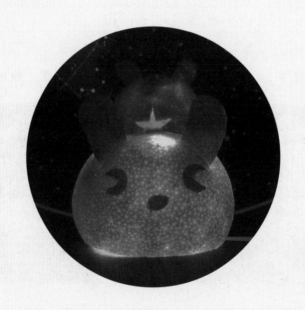

树叶精灵
在召唤你

自然观察

松针

阿诺尔特大花

亚马逊王莲

泰坦魔芋

生石花

仙人掌

你还见过什么形状比较奇特的树叶吗？

自然思考

松叶之所以是尖的,是为了适应环境。由于松树长期在寒冷的条件下生活,形成了独特的御寒构造。

为什么松叶要进行蒸腾作用呀?

松树的叶片因此缩小成为针状叶,避免了因叶子表面积过大而造成的水分蒸发。

哇,再多给我们讲一讲嘛!

树叶形状是由该种树的生存环境所决定的。

不同种类的树在不同的环境中经历不同的自然选择,所以树叶才会形成自己特有的形状。

自然创作

如何制作树叶精灵?

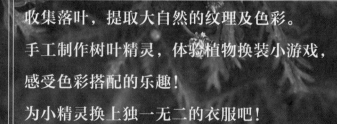

收集落叶，提取大自然的纹理及色彩。
手工制作树叶精灵，体验植物换装小游戏，
感受色彩搭配的乐趣！
为小精灵换上独一无二的衣服吧！

收集植物素材，并准备所需工具：

树叶、剪刀、白卡纸、胶水、笔

3 发挥想象，在纸上大胆创作

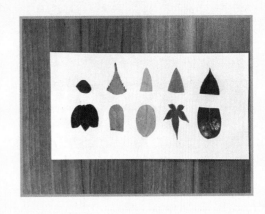

1 将树叶剪成适宜的形状

4 画上脸蛋和四肢，树叶精灵制作完成啦

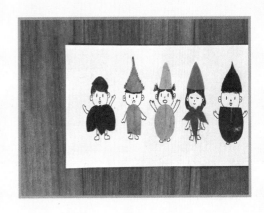

2 用胶水将树叶粘贴在纸上

一起来
认识一下
银杏吧

自然探索

看你玩得这么高兴，应该挺
喜欢这些银杏树叶，我带你
认识一下吧！

好呀好呀！

银杏树最高
可达40米。

雌花

银杏树分为雄株和
雌株。其中，雄株
不结果，雌株则一
般要生长到20年
以后才会结果。

种子

雄花

雄树叶

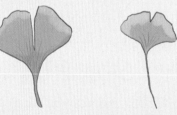

叶子颜色较深，
中间的裂痕也
较深。

雌树叶

叶子颜色较浅，
中间的裂痕也
较浅。

白果

含有多种营养元素，
如蛋白质、脂肪、
维生素C、胡萝卜
素、银杏酸、脂固
醇等成分。

银杏

别名：白果树、公孙树、鸭
脚树
别称：植物界的"活化石"

自然思考

你知道吗？银杏树还被称为"活化石"。

怎么讲呢？

大约在3亿年前，银杏就已经在地球上诞生了。

到了1.7亿年前，银杏林甚至覆盖了地球上的大部分土地。

直至1.4亿年前，由于新生植物种类的滋生，银杏开始衰退了。

到了 3000 万年前，多次的冰川运动让很多植物绝种了，成为埋在地下的化石，其中就包括银杏。

那为什么我国却有那么多银杏呢？

我国的山脉多为东西走向，起到一定的阻隔作用。

尤其是华中和华东一带，只受到了冰川的局部侵袭，银杏由此在我国侥幸地生存了下来。

谢谢你！让我学习了这么多关于银杏的知识。

银杏叶这么好看，我想采集一些来做些手工艺品。你来和我一起做吧！

好耶！我们一起来做！

如何制作
银杏蝴蝶灯?

今天你捡银杏叶了吗?
一起化身小小艺术家,将银杏叶
精心雕刻,变成秋日光影里的翩
翩蝴蝶吧!

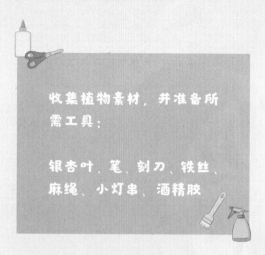

收集植物素材，并准备所
需工具：

银杏叶、笔、刻刀、铁丝、
麻绳、小灯串、酒精胶

3 完成蝴蝶的形状

1 用笔在叶片上画出线稿

4 用刻刀将银杏技划开，作为触角

2 用刻刀镂空

5 树叶蝴蝶完成啦

6 将麻绳缠绕在铁丝上

9 用酒精胶将树叶蝴蝶粘在麻绳线圈上

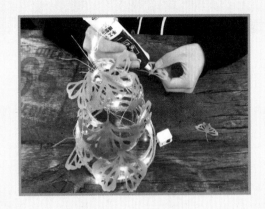

7 麻绳线圈缠绕完成

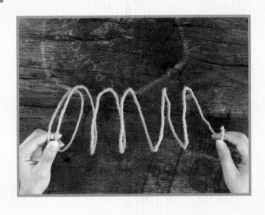

10 银杏蝴蝶灯大功告成

8 将铁丝固定成螺旋状，并缠上小灯串

你注意过树叶的一生吗？

自然观察

你注意过
树叶的一
生吗？

树叶的一生，
还真没有。

树叶在春天时，还是嫩绿的芽；等到了秋天，叶子就会变黄；最后，在冬天凋零。

原来树叶的一生这么短呀！

其实，也不是每种树叶的生命周期都只有一年，不同种树叶的生长周期都不一样。

自然探索

百岁兰终生只长两个叶片，常青不凋，寿命长达100年以上！

松树叶子的寿命也比较长，一般是3~5年。

樱花树叶子的寿命就比较短了！一般只有几个月到一年。

银杏树叶子的寿命也不长，也就数月到一年。

你知道哪些树叶的生命周期跟一般
的树叶不一样吗？画下来吧！

自然思考

好奇妙呀！为什么有的树叶生命周期很短，而有的树叶生命周期很长呀？

叶片的寿命因植物种类不同而有长有短，同时还受当地自然气候和地理因素的影响。

就像沙漠里面的百岁兰和悬崖上面的松树，它们的叶子都能活好久，而樱花树和银杏树的叶子就只能存活几个月。

没想到这些我们常见树叶的生命周期这么短呀！

树叶的寿命不能与植物体的寿命等齐。大部分植物本身的生命周期比它们的叶子要长呢！

不过没关系，我带你去看看树叶的一生，并做成标本记录下来，相信也是很美好的纪念呢！

好耶！

自然创作

如何描绘树叶的一生?

树叶作为大树的"衣裳",
我们可以通过观察树叶的颜色,
来发现大自然的规律。

把随处可见的树叶做成一幅画,
不仅是美的艺术表达,
还散发着朴素而又深邃的自然气息。

收集植物素材，晒干并准备所需工具：

树叶、剪刀、刷子、胶水、纸、相框

3 按照叶子一生的颜色顺序，粘贴在纸上

1 将树叶剪成大小不同的方块

4 装饰画制作完成啦

2 将树叶刷上白胶

原来有
这么多种
小蝴蝶呀

自然观察

哎？这片叶子怎么飞起来啦？

我可不是树叶哦！我叫枯叶蛱蝶，只是长得很像飘零的树叶而已。

还有长得这么特殊的蝴蝶呀！我都不知道呢！

我们蝴蝶的种类可多啦，有很多长得很特殊呢！

自然探索

红臀凤蚬蝶

枯叶蛱蝶

绿带彩燕蝶

多涡蛱蝶

帕洛斯韦尔德蓝蝶

你们还知道有哪些样貌比较特殊的蝴蝶？
画下来吧！

自然思考

我之所以叫枯叶蛱蝶，是因为当我将翅膀合拢后，会酷似枯叶。

而当我张开翅膀后，翅膀的背面则是亮丽的蓝色，还有橘色的条纹。

我们的这种形态是一种拟态。拟态就是物种在漫长的进化中为了更好地生存，主动进化的结果。

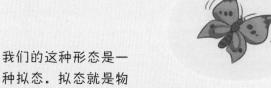

接下来讲讲红臀凤蛱蝶，它是众多长相奇特的蛱蝶中比较著名的一类。

这类蛱蝶体形不大，行动较为敏捷，在野外常常集群行动。

它们的翅膀，除了后翅上有一枚红色的大斑点以外，剩下的部分全是透明的，非常好看！

枯叶蛱蝶，你讲得可真好！

多涡蛱蝶因后翅膀底由黑斑组成的"88"或"89"图案而著名，极具辨识度！

绿带彩燕蝶翅膀展开有 40~55 毫米长，是体形最小的凤蝶之一，飞行的时候可优美了。

原来还有这么多长相奇异的小蝴蝶呀！我要用树叶做成你的样子，看看我的朋友们能不能认出这是树叶做的蝴蝶！

而帕洛斯韦尔德蓝蝶，它们主要以银蓝色的翅膀而闻名。

如何制作
树叶蝴蝶？

一叶知秋，落叶飘黄。

拾几片落叶，做一只美丽的蝴蝶吧！

收集植物素材，并准备所需
工具：

落叶、剪刀、胶枪和树枝

3 再依次叠加，增加层次感，最后用
树枝作为触角粘上

1 将叶子按照大小划分

4 树叶蝴蝶制作完成啦

2 选取四片适宜的叶子，按照蝴蝶的
形状粘在树枝上

小小的松果，
大大的能量

自然观察

好好闻的松香！今天是个收获的好日子。

哇！好多松果！

松果，我来了！

自然探索

可等到你成熟了，我都等了整整一年啦。

雌球果 / 雄球果

树木成熟后，就会形成自己的花粉和球果

花粉从雄球果通过空气传播到雌球果，花粉粒进入花粉管，使得卵细胞受精

成熟的树

受精锥

幼苗生长

受精锥中的卵细胞长成种子

幼苗

落入土壤，生根发芽

种子

不知道大家有没有注意过松树的成长呢？

自然思考

你知道吗？现在正是松果成熟的季节哦！

松果？是指松树的果实吗？

是的。松果通常在秋天成熟，可以为我们提供很多营养物质。

是不是我们常吃的松子就藏在这松果里啊？

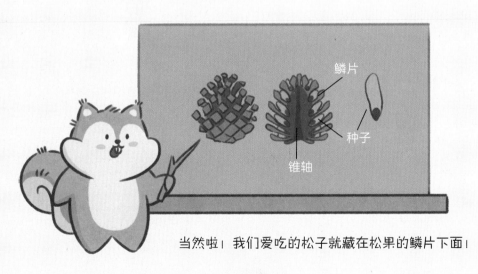

当然啦！我们爱吃的松子就藏在松果的鳞片下面！

你知道吗？松果还是个
"气象播报员"！

此话怎讲？

遇水后，鳞片闭合

松果的鳞片会随着湿度的变化而张合。天
气温暖干燥时，鳞片会张开；下雨或遇水时，
鳞片则会为了保护种子而闭合起来。

哇！原来松果这么神奇
呀！我回家要试试把松
果放进水里看看。

此外，松树和松果对于维护自然
生态环境也有很重要的作用。而
且松果经加工后，还能做成有观
赏价值的小玩具哦！我去年就用
松果做了个小小的你。

真的吗？可以教教
我吗？听起来好有
意思。

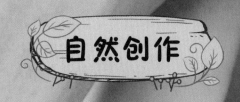

如何制作松果小刺猬?

身圆圆，嘴尖尖，身上没毛，只有箭。

大家知道这是什么小动物吗?

对啦，就是可爱的小刺猬!

3 用胶枪将刚刚摘下的松果鳞片一一粘在刺猬身上，作为后背

收集植物素材，并准备所需工具：

松果、麻绳、胶枪、纸、剪刀、笔、颜料和胶带

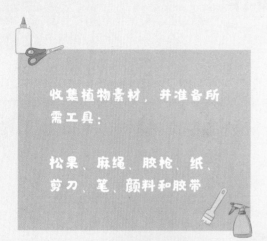

1 将松果鳞片小心摘下

4 将麻绳撕剪成须，并准备好已经制作完成的刺猬身体

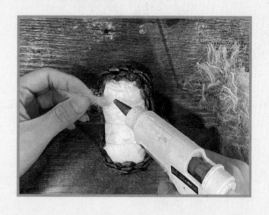

2 用纸巾揉捏成刺猬身体的形状，并用胶带绑住固定

5 用胶枪将麻绳须粘贴在刺猬身上，作为刺猬的面部

6 用剪刀修剪面部边缘

9 一只可爱的小刺猬，就制作完成啦

7 用胶枪挤出圆形的胶，晾干后，拿笔涂黑作为眼睛和鼻子.鳞片作为耳朵，粘贴在刺猬身体的相应位置上

8 将纸浆定型为四肢，用颜料上色后，粘贴在刺猬身体的相应位置上

小小桃核大妙用

自然观察

我闻到了一股好香的坚果味儿，
闻着味儿就过来了。

哈哈哈！真是什么都瞒不过你的鼻子，
我刚做了核桃酥，正好来尝尝！

哇！核桃！
那是我最爱吃的坚果啦！

真的吗？那你给我介绍介绍吧！

核桃

落叶乔木，果实可食，也可榨油。果实呈椭圆形，外果皮成熟后脱落。

树高 3~5 米

核桃仁

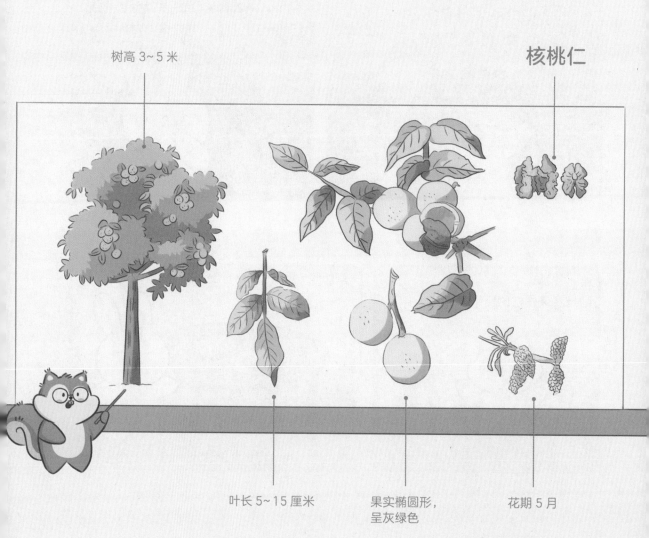

叶长 5~15 厘米

果实椭圆形，
呈灰绿色

花期 5 月

自然思考

真没想到，看着是个小小的坚果，却有那么多我没有了解过的知识！

对啦！核桃的每个部位都有自己独特的功效呢！

核桃青皮对好几种细菌都具有不同程度的抑制作用。

我们能吃的部分是核桃仁，含有大量不饱和脂肪酸，能有效减轻身体对于胰岛素的抵抗，能降低 2 型糖尿病的风险。

除了这一点，核桃仁含有丰富的亚油酸及 DHA，是大脑和视觉功能发育所必需的营养成分。

所以，经常食用核桃仁，确实会起到一定的健脑作用。

这核桃饼可真好吃啊!
你说，核桃壳又能做些什么呢?

哪，你看看，漂亮吗?
这就是我用核桃壳做的。

这条小金鱼也太可爱了，
我也要学着做，嘻嘻。

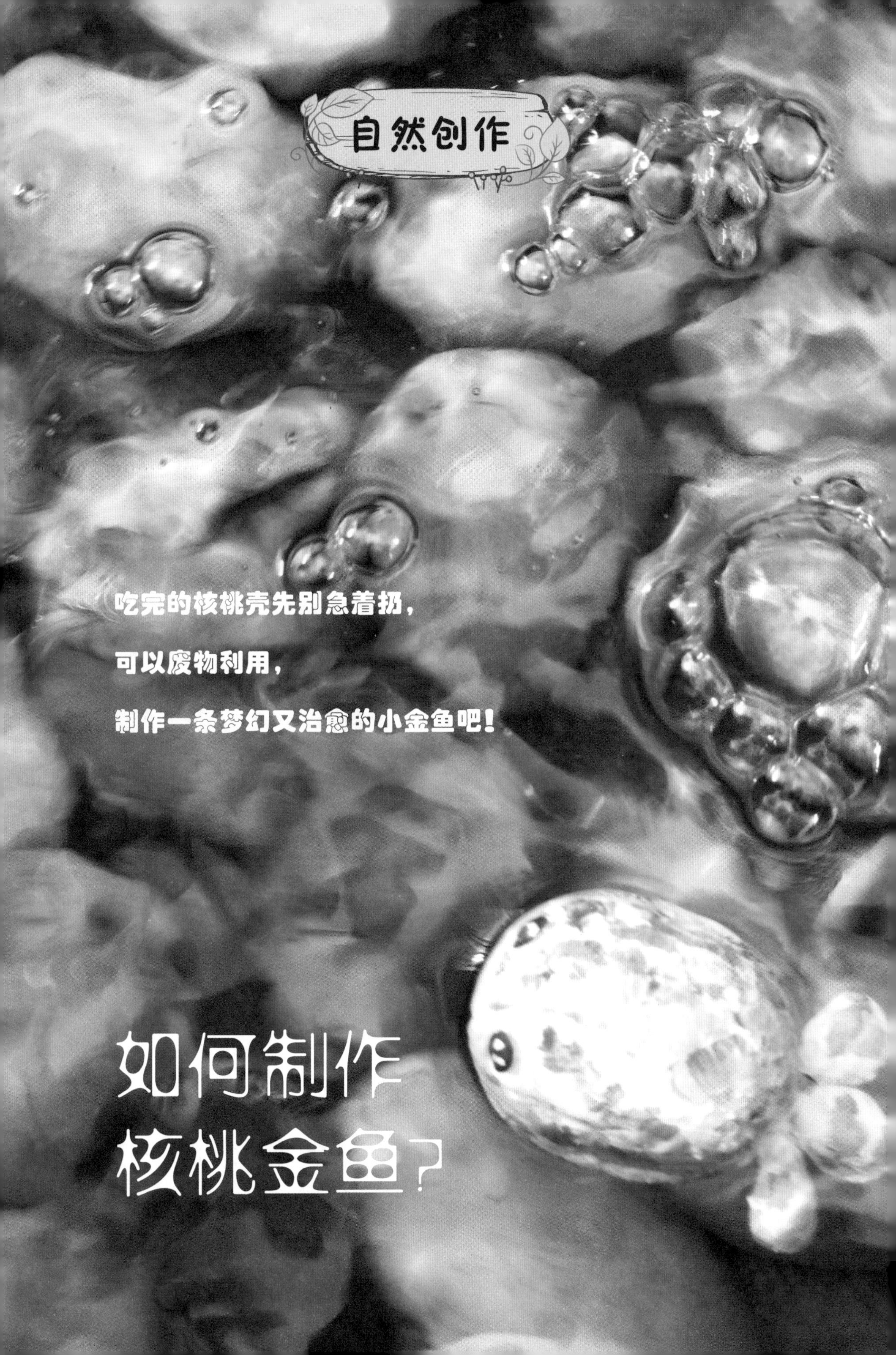

吃完的核桃壳先别急着扔，

可以废物利用，

制作一条梦幻又治愈的小金鱼吧！

如何制作
核桃金鱼？

收集植物素材，并准备所需工具：

核桃壳、松子壳、颜料、画笔和手工模型胶

3 在相应位置画上眼睛

1 核桃壳当作金鱼的身体，再将松子壳如下图粘贴在核桃壳上，当作金鱼的尾巴

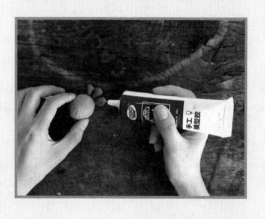

4 自然晾干后，可可爱爱的小金鱼就制作完成啦

2 根据自己的喜好，刷上颜料

送给老师一束
自己做的捧花吧

自然观察

这下有素材给老师做个教师节小·礼物了。

嘿嘿，不错嘛！

自然探索

你们都了解开心果吗？不如趁着这个机会，一起来了解一下吧！

叶

花

茎

果

自然思考

大家知道吗？开心果是世界四大干果之一，其真名为"阿月浑子"，是漆树科黄连木属小乔木。

它们生长在开心果树上，有硬壳，壳里藏有香甜的果仁。

我经常会在过年的时候囤很多开心果来吃！吃开心果有什么益处吗？

有很多！开心果果仁富含蛋白质、纤维和健康的脂肪。

它会帮助我们提供能量，维持饱腹感，还含有维生素和矿物质，有益于身体健康。

那开心果在哪里生长呢？

除了美味的果仁，开心果树还有另外一个特别的地方——它们是雌雄同株，需要借助风力或昆虫传粉才能结出果实。

原来开心果树还有这么多学问啊。真神奇！

自然创作

如何制作教师节捧花？

特别的教师节礼物，
简单且充满新意，
为老师送上满满的惊喜！

3 将四个果壳粘成一朵花苞状

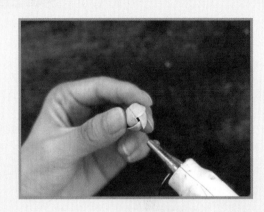

收集植物素材，晒干并准备所需工具：

干花、开心果果壳、牛皮纸、绳子、胶枪、干花

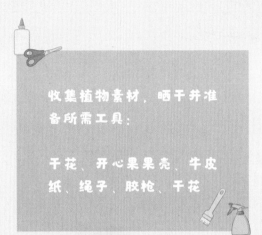

1 用纸折成花束外包装

4 将花苞粘入包装内

2 拿绳子将底端打结固定

5 插上植物干花进行点缀

6 在多余空白处粘上果壳，当作散开
的花瓣

7 按自己的喜好，绑上蝴蝶结，就大
功告成啦

芦苇荡里的小精灵

自然观察

咦，他们干吗呢？

原来是一片芦苇荡呀！

大家都聚在这里干吗呢？

嘘，我们在偷偷观察芦苇荡里的小精灵呢！

114

自然探索

这里的小精灵可多啦，有绿头鸭、鸬鹚、白鹭、大麻鳽、东方大苇莺等。一起来了解一下吧！

绿头鸭

鸬鹚

白鹭

大麻鳽

东方大苇莺

你们还知道有哪些生活在芦苇荡里的小精灵？
画下来吧！

117

自然思考

绿头鸭，主要栖息于水生植物丰富的湖泊、池塘、沼泽等水域中。王勃《滕王阁序》有一句"落霞与孤鹜齐飞，秋水共长天一色"，其中的"鹜"指的就是绿头鸭。

鸬鹚是个了不得的游泳和潜水健将，常成群栖息于水边岩石或水中，因为擅长捕鱼，嘴巴带弯钩如猛禽，又被称为"鱼鹰"。

至于白鹭嘛，是一种高雅的水鸟，有纤细的身体和纯白色的羽毛。此外，白鹭还是湿地环境好坏的重要指示生物呢！

那大麻鳽和东方大苇莺呢？它们有什么特别之处？

大麻鳽属夜行性，是伪装芦苇的高手！而它们的叫声如牛，很远就能听见。

东方大苇莺是鸟中的高音歌唱家，喜欢在芦苇丛中鸣唱。它们性情活泼，频繁在芦苇丛之间跳跃。

谢谢！现在我更了解这些可爱的小鸟了！我们一起来保护它们的家园，让芦苇荡里的小精灵们可以安心地生活！

自然创作

 如何制作芦苇小鸟?

晚秋,是芦苇花盛开的季节.

成群的芦苇荡不仅可以调节气候,涵养水源,也为鸟类提供了栖息、繁殖的家园.

薅几根毛茸茸的芦苇,一起自制一只可爱的芦苇小鸟吧!

3 给小鸟涂上胶

1 在黑卡纸上画出小鸟的形状，并用剪刀剪下

收集植物素材，并准备所需工具：

芦苇穗、胶水、黑卡纸、镊子、剪刀

4 用镊子夹取深色的芦苇穗，粘在小鸟的背部

2 将芦苇穗分成两个颜色备用

5 用镊子夹取浅色的芦苇穗，粘在小鸟的肚子上

6 嘴巴，眼睛点上高光

7 芦苇小鸟制作完成喽

木头的
神奇用处

自然观察

秋天迈着轻盈的脚步，走过了森林的每一个角落，整个森林都充斥着神秘的金色。

羊乐多和干脆面计划一起去森林里找些木头做手工。

他们怀着兴奋的心情来到了郁郁葱葱的森林，一边寻找适合的木头，一边相互介绍这些木头的自然知识。

自然探索

橡树

杨树

榆树

一起来看看森林里都有什么树吧！

126

自然思考

看那边的橡树!

橡树木坚硬耐用，非常适用于
家具制作和建筑建造。它的树
皮可以提取出一种具有药用价
值的物质。

这些树枝细长而坚固，
可以用来制作桌子腿。

所言极是!

杨树木轻便、坚韧，适合制作
一些需要弹性的物品，比如弓
箭和乐器。

这些刻痕是人类用来提取树液
的地方。杨树的树液可以制作
药物和香料。

榆树木坚韧而有弹性，非常适合制作弯曲的物品，比如弓和椅子。

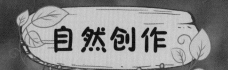

如何制作
自然木头小屋？

我们似乎都有一个建筑师的梦想。

快来自己动手，以木为主材，添砖加瓦，

通过不同材质与颜色的碰撞，

建造出一幢自然奇妙屋吧！

3 将松果鳞片一一摘下，用作砖瓦

收集植物素材，并准备所需
工具：

木头、树皮、松果、树枝、
胶枪、剪刀、麻绳、颜料、
画笔

1 将树皮剪成均等的四片，作为墙体

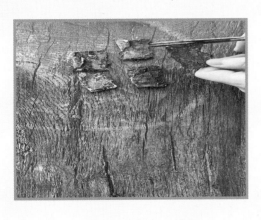

4 自由发挥的时刻到了！用松果的鳞
片粘贴成房屋状

2 用胶枪将剪好的树皮固定在底座上

5 剪取树枝作为枯树

6 再多点耐心，小屋就这样一步步搭
建完成啦

7 接下来，按照自己的喜好刷上颜料、
捆绑上麻绳吧

独属芦苇的秋日浪漫

自然观察

"蒹葭苍苍，白露为霜。
所谓伊人，在水一方。"

这是《诗经》中耳熟能
详的名篇。其中的"葭"
就是我国分布广泛的水
生植物——芦苇。

芦苇，多年水生或湿生的高大禾草，
根状茎十分发达，常见于江河湖泽、
池塘沟渠沿岸和低湿地。

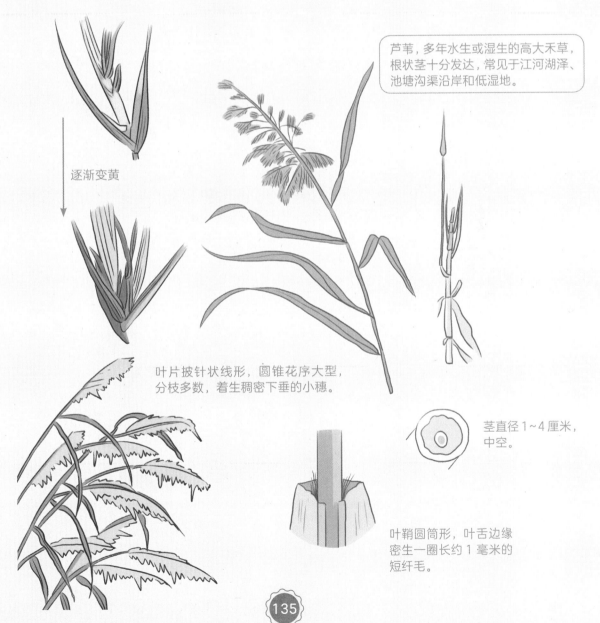

逐渐变黄

叶片披针状线形，圆锥花序大型，
分枝多数，着生稠密下垂的小穗。

茎直径1~4厘米，
中空。

叶鞘圆筒形，叶舌边缘
密生一圈长约1毫米的
短纤毛。

135

自然思考

你知道吗？作为湿地王国的守卫者，芦苇浑身都是宝，具有巨大的经济价值和生态价值。

真的吗？
说来听听。

大面积的芦苇不仅可以调节气候、涵养水源，其所形成的良好的湿地生态环境，也为鸟类提供栖息、觅食、繁殖的家园。

芦根可入药，具有利尿、解毒、清凉、镇呕等功效。

芦茎可以作为造纸原料和建棚材料，也可以编席织帘，甚至可以用来制作生物制剂。

芦苇穗呢，可以用来制作扫帚，花絮则可以用作枕头的填充物。

值得一提的是，芦茎还可以做成工艺品。比如，白洋淀芦苇画就是典型的代表，被列为河北省非物质文化遗产。

我们不如也利用芦苇做个工艺品，为这个秋天再增添一份浪漫吧！

137

如何制作芦苇烟花棒?

用炸开的芦苇模拟盛开的烟花,

不仅绿色环保,

还在不经意间装点了浪漫的秋日氛围。

小朋友也可以肆意挥舞哦!

收集植物素材，并准备所需工具：

芦苇、木棍、胶水、红果子等植物素材

3 用红果子或其他植物素材进行装饰

1 将芦苇粘在木棍上

4 制作完成

2 粘成烟花散射状

秋天里的金色童话

自然观察

今年长势最好的是玉米啦！

还挺累。

该过冬了，囤点玉米粒吧！

玉米有用的可不止玉米粒哩！

自然探索

你们知道玉米是怎么长大的吗?
我们来看一看吧!

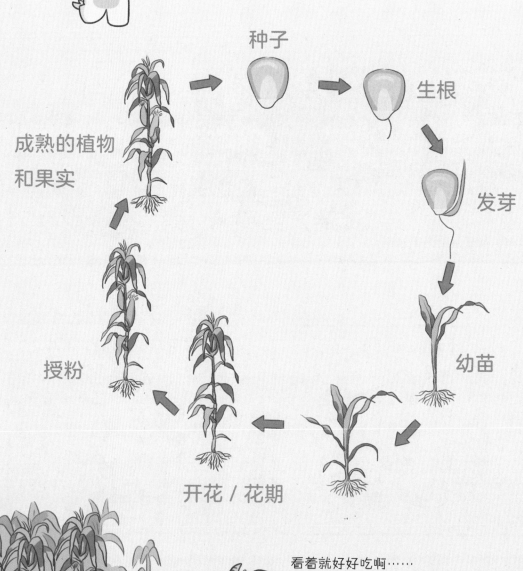

种子

生根

发芽

成熟的植物
和果实

幼苗

授粉

开花 / 花期

看着就好好吃啊……

自然思考

下面，让我们来看看玉米的具体构成吧！

玉米，学名玉蜀黍，一年生高大草本植物，是禾本科玉蜀黍属植物。

玉米

玉米茎

玉米种子

玉米种子是具有长成玉米成株能力的繁殖体，由胚珠经过传粉受精形成。

玉米叶

玉米的叶互生在茎节上。全叶由叶鞘、叶片、叶舌构成。

好了，大家讨论了这么久，它还有观赏价值呢！
我刚刚用玉米须制作了一个玉米公主，快来看看吧！

自然创作

如何制作玉米公主？

秋日里落叶杂乱的背影，

是大自然最美的惊鸿，

利用废弃的玉米皮编织、折叠，

赋予生命，

玉米皮也能变公主！

收集植物素材，并准备所需工具：

玉米皮、剪刀、细线、笔

3 将玉米皮卷成杆状，并打两个结

/ 将玉米皮揉成团并包上，在两端打结

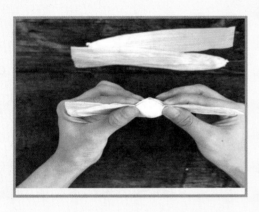

4 从中间剪断，准备好四肢

2 将玉米皮的一端向下翻，当作头巾

5 在四肢顶端包上一层打结，向下翻作为袖子和裤腿

6 将四肢一一绑在身上

9 用玉米须当作发丝

7 腰处系上两片玉米皮

10 画上眼睛，制作完成啦

8 翻下玉米皮，就变成了裙摆

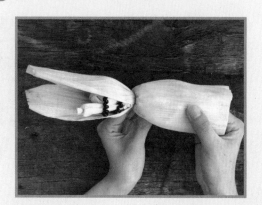

图书在版编目（CIP）数据

陪孩子玩转春夏秋冬 . 秋天的落叶飘啊飘啊飘 /
Hiddenland 自然教育学院，王释熠，金崇轲编著 . -- 北
京：民主与建设出版社，2023.11
ISBN 978-7-5139-4437-3

Ⅰ . ①陪… Ⅱ . ① H… ②王… ③金… Ⅲ . ①自然科
学 - 儿童读物 Ⅳ . ① N49

中国国家版本馆 CIP 数据核字（2023）第 235029 号

陪孩子玩转春夏秋冬 . 秋天的落叶飘啊飘啊飘

PEI HAIZI WANZHUAN CHUNXIAQIUDONG QIUTIAN DE LUOYE PIAO A PIAO A PIAO

著　者	Hiddenland 自然教育学院　王释熠　金崇轲
责任编辑	郭丽芳　周　艺
策划编辑	王　薇
装帧设计	陈旭麟
插画绘制	梁立春
版式设计	姜　楠
出版发行	民主与建设出版社有限责任公司
电　话	（010）59417747　59419778
社　址	北京市海淀区西三环中路 10 号望海楼 E 座 7 层
邮　编	100142
印　刷	北京中科印刷有限公司
版　次	2023 年 11 月第 1 版
印　次	2024 年 1 月第 1 次印刷
开　本	690 毫米 × 980 毫米　1/16
印　张	10
字　数	40 千字
书　号	ISBN 978-7-5139-4437-3
定　价	200.00 元（全 4 册）

注：如有印、装质量问题，请与出版社联系。

陪孩子玩转春夏秋冬

全4册

冬天的雪花落在脸上凉凉的

Hiddenland自然教育学院

王释熠 金崇轲 / 编著

民主与建设出版社

·北京·

"奇妙自然"冬令营开营啦！

"天将暮，雪乱舞，半梅花半飘柳絮。"步入冬季，大自然仿佛被按下暂停键，森林慢慢沉睡下去。

冬是贮藏，也是企盼。落叶化作了泥土，自然发生了哪些变化？又上演了怎样的故事？

在冬天，我们依旧可以在野外尽情撒野，小动物朋友们都在等着你呢！

浪味仙

长长的耳朵、大眼睛，我是小仙女"浪味仙"。

我是一只小浣熊，大家都叫我"干脆面"。说实话，我刚开始也摸不着头脑，直到有一天，我吃了一包干脆面……

干脆面

大圣

我乃大圣也！当然了，我只是名字叫"大圣"，和那个孙悟空没什么关系，我是只狐狸。

喵，喵，喵……我叫豆丁！很显然，我是一只可爱的小猫咪。

豆丁

果壳

嘿！朋友们！我想说，如果你需要坚果果壳的话，可以来找我，管够！但是你要果壳干吗呢？

小狼

我应该挺火的吧？每个人的手机里都少不了我的表情包。你可别说你没有！

虎子

作为百灵鸟，我嗓音优美，是个天生的歌唱家。我性情率直，无所畏惧，看来大家叫我"虎子"不无道理。

咕咕

你们在春令营、夏令营和秋令营没看见我吧？我没出现吧？我猫头鹰咕咕在冬令营隆重登场了！

粉条

别再被骗了，刺猬根本不在刺上扎水果，我们甚至不爱吃水果……幸会幸会，我是刺猬"粉条"！

其实，我是临时帮个忙来客串一下的。不过，还是很开心认识你们啦！我是小鹿哟哟。

哟哟

羊乐多

我叫羊乐多，我爱喝养乐多。攀岩是每只山羊的爱好，我也不例外，希望有一天可以挑战天门山悬崖。

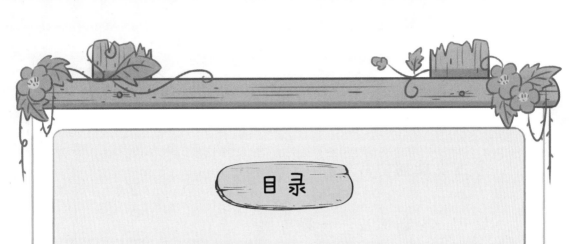

目 录

不是冰，也不是雪？

自然观察

这些闪闪发光的冰晶是什么呀？
我还以为是雪。

这是雾凇哦！雾凇是只有在冬天才会出现的自然现象。

看，那些冰晶还会随着阳光的折射而显现出五彩斑斓的光芒，就像一颗颗小小的钻石！

好漂亮！你能给我讲讲雾凇是怎么形成的吗？

自然探索

当然可以啦！雾凇主要分为两种——晶状雾凇和粒状雾凇。

粒状雾凇（或硬凇）

过冷却雾滴（低于0℃的雾滴）被风吹过细长的物体后迅速冻结而成，呈半透明毛玻璃状。

温度：-2℃至-7℃
风：风速较大
结构：紧密，不易脱落

晶状雾凇（或软凇）

低温环境下水汽的凝结过程，形如绒毛，结构较松散，稍有震动就会脱落。

温度：低于-15℃
风：微风、无风
结构：松散，易脱落

你们见过美丽的雾凇景象吗？
来画一下吧！

自然思考

雾凇，是非常难得的自然奇观，大家通常称其为"冰花""树挂"，在文人雅客的笔下，又被称作"琼花""雪柳"。

哇，那雾凇算不算是冻在树枝上的冰啊？

怎么说呢？
雾凇非冰非雪。

雾凇是由于雾中无数0℃以下而尚未凝华的水蒸气，随风在树枝等物体上不断积聚冻粘的结果，就像是树枝和叶子上的小冰晶装饰！

为什么我们很难见到这样的景象？

那是因为雾凇的形成需要同时满足"低温"和"充足的水汽"这两个苛刻且矛盾的条件，有时还需要风和云的配合。

放眼全国，也就不难理解为何美丽的雾凇最青睐我国东北地区了。

雾凇真是太神奇了！我从没想到寒冷的冬天会有这么美丽的景象！

是呀，大自然真是个神奇的艺术家，让我们在冬天也能欣赏到美景！

如何制作雾凇森林花瓶？

你见过雾凇森林吗？

没有鸟叫蝉鸣，没有潺潺流水，整个世界静谧得仿佛时间都被冻结……

一起动手，留住这片童话般的幻境吧！

3 再用石膏将干树叶刷上

收集植物素材，晒干，并准备所需工具：

树叶、石膏粉、盘子、水、刷子和薯片盒

1 将石膏粉调成酸奶状

4 插上树枝，雾凇森林花瓶就大功告成啦

2 将酸奶状的石膏粉刷在薯片盒上，待半干

冬天也能看到热烈的颜色

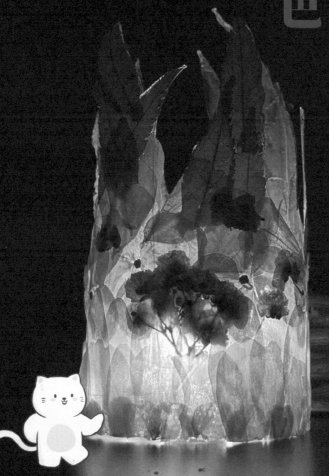

自然观察

冬天真美，但也有点无趣，我们只能看见一片茫茫的雪白。

是啊，我有时候会想念春日的绿草和夏日的蓝天。

谁说冬天只有单调的雪白啦？让我带你们看看冬天还能看到哪些热烈的颜色。

自然探索

你们瞧，在冬天也能看见这么热烈的颜色！

高盆樱桃

也叫"冬樱花"，为蔷薇科樱属落叶乔木。

这是云南冬末春初最主要的观赏花木，为万物萧瑟的季节增添了鲜艳的色彩。

冬寒兰

兰科兰属的地生草本植物。

兰花有很多种，冬寒兰一般在立冬前后开放，有着"越冷越香"的说法。

玉兰花

木兰科玉兰属落叶乔木植物，有着"白玉兰""应春花"和"玉堂春"等别名。

因其"色白微碧、香味似兰"而得名。古人把它与海棠、牡丹、桂花并列，美称为"玉堂富贵"。

山茶花

山茶科山茶属常绿灌木或小乔木植物，植株形态优美，叶浓绿而有光泽，花形艳丽缤纷。

常开花于冬春之际，曾季狸《句·其七》曾言："惟有山茶殊奈久，独能探月占春风"，表达了对山茶傲梅风骨的赞美。

水仙花

石蒜科水仙属植物，由于其常在冬季开花，使得它成为坚强、自信和自尊的象征。

虽然球茎形似蒜头，但开出来的花真的很好看哦！

风信子

风信子科风信子属植物，学名得自希腊神话中受太阳神阿波罗宠眷，并被其所掷铁饼误伤而死的美少年许阿铿托斯。

花期一般在 1~4 月，种类很多，颜色丰富，常被作为年宵花装点家里。

大家有没有见过这些在冬天依旧热烈的颜色呀？
一起尝试着画一下吧！

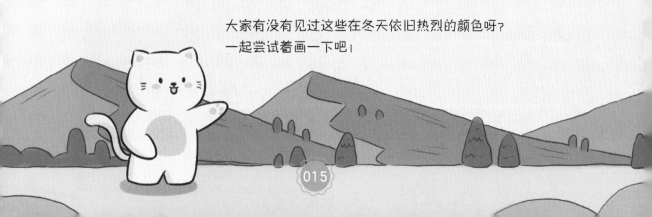

自然创作

如何制作冬日火花？

不同颜色的干花，渐变成火的色彩。

手工制作干花火焰，

给屋子增添一丝暖意，

尽情感受冬季的浪漫吧！

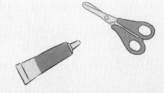

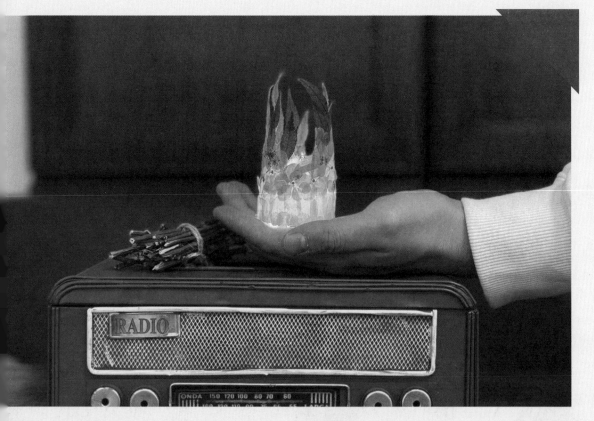

收集植物素材，晒干，并准备所需工具：

小花、塑料瓶、胶水和剪刀

3 在"火花"顶端涂上一层胶水

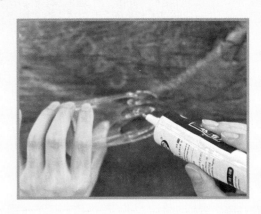

1 将塑料瓶剪成火花状

4 将干花贴在"火焰"顶端

2 将剪好的塑料瓶围成筒状，然后用胶水粘好

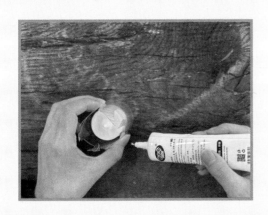

5 根据颜色深浅，依次叠加干花

6 火花就制作完成啦

看，

冬日里的一抹绿

自然观察

你看，虽然其他植物都在寒冷中失去了生机，但这棵松树却毫不畏惧，我真佩服它。

是呀，松树可是冬天森林中最坚强的守护者呢！

自然探索

一起来看看我们在生活中常见的松树吧！

油松

别名：短叶松、短叶马尾松、红皮松、东北黑松等。

北方城市里最常见的一种松树，常能见到满树松果。

白皮松

别名：白骨松、三针松、白果松、虎皮松、蟠龙松等。

一簇三针，树皮颜色很特别，像迷彩服一样。

雪松

别名：塔松、香柏、宝塔松、番柏、喜马拉雅山雪松。

雪松树形高大，姿态优美，针叶在树枝上呈螺旋状散生。

松树可是冬天森林里最坚强的守护者哦，
我们一起来画一下吧！

自然思考

最坚强的守护者？

对呀！松树是一种常绿植物，在其他植物都已经枯萎的时候，松树依然可以茂盛地生长。

松果里的松子也是我们小松鼠和许多鸟类在冬天的重要食物来源。

原来松树对你们有这么大的帮助。

除了作为食物，松树还为小动物们提供了栖息之地，让它们在严寒的冬天里也能有一个安全的家。

想不到，松树可以为小动物们提供这么多帮助！我们要保护好大自然中的植物啊！

自然创作

从大自然中获取灵感，发挥艺术创想，
为生活点缀一点新意，做一棵小树佩戴在身上吧！

如何制作小树胸针？

收集植物素材，并准备所
需工具：

松树枝、火棘（或红豆）、
芦苇穗、剪刀、胶水

3 在树枝上涂抹胶水

1 将树枝剪出合适的长度

4 粘贴上树叶

2 将植物素材剪成小段，备用

5 再粘上红色小果子

6 发挥想象，自由创作

7 大功告成

冬天也象征着希望

自然观察

冬天的雪真是神奇，一切都变得如此安静、如此纯净。

自然探索

不是植物不见啦，只是有些植物凋零了，有些植物像小熊一样去冬眠了。真想念那些已经凋零的花花啊！

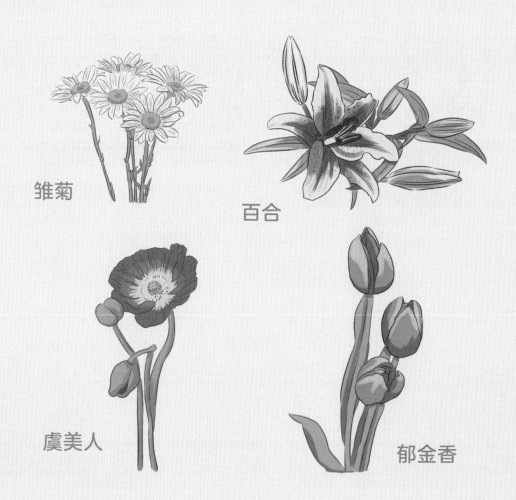

雏菊

百合

虞美人

郁金香

你们在冬天会想念哪些凋零的花呀？虽然我们现在看不见，但是可以凭着记忆画出来哟！

自然思考

植物在冬季凋零的主要原因是气温的下降和日照强度的减弱，这导致植物的生理活动无法正常运作，生长过程会放慢甚至停止。

那植物在冬天该怎么过呢？

一些植物已经适应了冬季，并采取了特殊的应对策略。比如，一些树木会在冬季进入休眠状态。

它们通过在地下存储养分，透过厚厚的树皮和芽鳞来抵御寒冷。

而一些其他植物会在秋季将自己的种子散播到地面上，当冬季过后，这些种子将成长为新的植物。

它们在冬天过后会复苏，重新生长。

是的，这是自然规律中的一部分。

自然创作

如何制作冬雪花瓶？

创意植物拼贴画，让干花充满生命气息，
一秒变冬景！

一起发挥艺术创想，在纸上描绘大自然的气息，
拼贴出冬季的浪漫吧！

收集植物素材，晒干，
并准备所需工具：

小花、叶子、胶水、
卡纸和镊子

3 用花朵装饰丰富画面

/ 用镊子夹取干花，在卡纸上摆好叶
子的形状

4 冬雪花瓶就制作完成啦

2 再粘好花瓶

胡萝卜是萝卜吗？

小白兔，你挖这么多胡萝卜干吗呀？

自然探索

因为胡萝卜对我们可重要啦，是我们在冬季十分重要的食物来源！

但大家有可能不知道的一个冷知识是，胡萝卜其实不是萝卜！

我们是一家的！

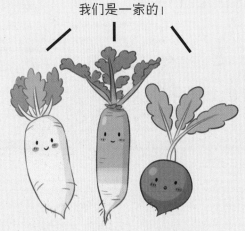

白萝卜　青萝卜　樱桃萝卜

我和萝卜其实没有任何"亲属"关系！

胡萝卜是伞形科植物，而萝卜是十字花科植物，可以说两者属于完全不同的科属。

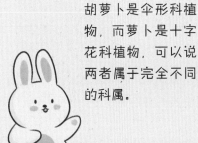

而且你们知道吗？胡萝卜原本只有紫色和黄色，直到17世纪时，荷兰的农民才将之杂交培育出了橘色。

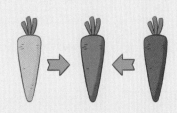

自然思考

除了胡萝卜，还有一些长得像萝卜，但不是萝卜的植物。

比如芜菁，属于十字花科、芸薹属，又称卞萝卜、恰玛古，含水量不及萝卜。而煮熟的芜菁口感比较面，类似土豆，常用来泡酸菜、做饲料。

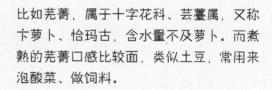

那甜菜呢？是不是也不算萝卜？

你说对了！甜菜属于藜科甜菜属，又称红菜头，是除甘蔗以外主要的糖来源，原产于欧洲西部和南部沿海。

没想到小小的胡萝卜有这么多有趣的冷知识！快过年了，不如我们一起做张胡萝卜贺卡吧？

胡萝卜还能做贺卡吗？

如何制作胡萝卜贺卡？

冬天，是吃砂糖橘的季节。
在吃完甜蜜的砂糖橘后，
橘皮不要扔，一起收集起来，
做张贺卡吧！

收集植物素材，晒干，
并准备所需工具：

橘皮、小花、剪刀、麻绳、
白卡纸和胶水

1 将橘皮剪出胡萝卜形状

2 将麻绳弯曲，当作"鞭炮"的中心
线，固定在白卡纸上

3 将"胡萝卜"用胶水粘贴在麻绳的
两边，当作"鞭炮"

4 用干花当作叶子，贴在白卡纸上，
就制作完成啦

严冬也能

开出

温暖的花

自然观察

冬天这么冷，居然还有盛开的花啊！

好美呀！

自然探索

你对梅花感兴趣吗？
让我给你科普一些相关的知识吧！

梅花

梅花，是我国的传统花卉之一，与兰花、
竹子、菊花一起被列为"四君子"，与
松、竹并称为"岁寒三友"。

梅树

在中国传统文化中，梅花以其高
洁坚强的品格，给人以激励。在
严寒中，梅开百花之先，独天下
而春。

观察身边的梅花，拿起彩笔填填色吧！

自然思考

你们知道关于梅花，有什么典故和古诗词吗？让我们一起来看看吧！

岁寒三友·典故

岁寒三友指的是松、竹、梅，这个词语曾出现在宋代文人林景熙的《霁山集·五云梅舍记》中：即其居累土为山，种梅百本，与乔松、修篁为"岁寒三友"。自此，岁寒三友成为君子高风亮节的象征。

梅·古诗词

梅花
北宋·王安石

墙角数枝梅，凌寒独自开。
遥知不是雪，为有暗香来。

西江月·梅花
北宋·苏轼

玉骨那愁瘴雾，冰姿自有仙风。
海仙时遣探芳丛。倒挂绿毛么凤。
素面常嫌粉涴，洗妆不褪唇红。
高情已逐晓云空。不与梨花同梦。

自然创作

如何制作
冬雪梅花?

利用红豆、小米与棉花,
手工制作永生梅花。
经过一番加工与创造,
一起感受属于冬季的浪漫吧!

收集植物素材，并准备所需工具：

树枝、棉花、红豆、小米、胶水、镊子和花瓶

3 将梅花粘贴在树枝上

1 用胶水将五颗红豆粘贴成环状

4 插入花瓶，制作完成啦

2 在中间粘上小米，当作花蕊

仙人掌也能
带来绿色生机

自然观察

唉! 冬天都是白色的, 我都好久没看见一点绿意了。

不如我们一起来做个
石头仙人掌吧!

石头仙人掌,
那是什么呀?

自然探索

我先来介绍几种常见的仙人掌吧！

龙神木

金琥

黄毛掌

鼠尾仙人掌

你们还见过哪些仙人掌呢？

自然思考

我们把这些石头画成仙人掌，做成盆栽，给这个冬天带来一点绿意。

你太有创意啦！可为什么要做仙人掌呢？

因为仙人掌是一种最能带给人希望和生机的植物。即使在干旱的沙漠里，也能保持绿意，生存下去。

不知道你有没有了解过仙人掌，我来带你认识一下吧！

刺的作用

即使在干旱的沙漠也可以生长。
1. 减少水蒸发
2. 贮存水分
3. 保护作用

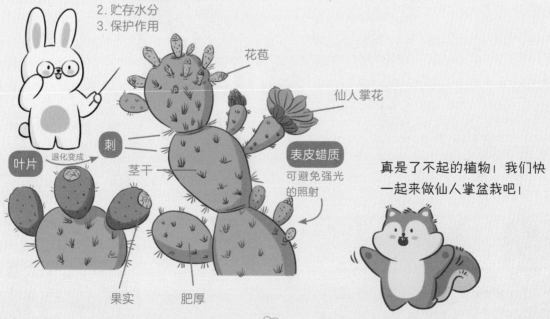

花苞

仙人掌花

叶片

退化变成

刺

茎干

表皮蜡质

可避免强光的照射

果实

肥厚

真是了不起的植物！我们快一起来做仙人掌盆栽吧！

056

自然创作

如何制作石头仙人掌盆栽?

一起用石头制作一盆不会枯萎,
也不用浇水养护的仙人掌吧!

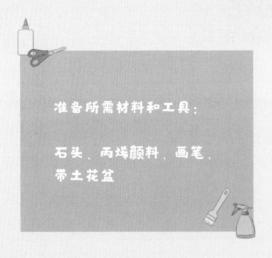

准备所需材料和工具：

石头、丙烯颜料、画笔、
带土花盆

3 晾干后放入小花盆，就大功告成了

1 将石头的正反面刷成绿色

2 晾干后，用白色颜料点涂上"小刺"

一起来用松果做个艺术品吧

自然观察

你怎么啦?

我只有松果可以用来装饰,可是松果那么普通,圣诞树好像不太需要它们。

谁说普通啦?不如我们试着用松果来做一棵迷你圣诞树吧!

自然探索

看，这是我刚刚采集的松果！

长叶松松果

雪松松果

马尾松松果

油松松果

大家都捡到什么样的松果呢？
我们一起来画一画吧！

自然思考

松树是一类常见的针叶树,
不同种类的松树会产生形状
各异的松果。

长叶松是一种生长在高山地
区的松树,其松果小而圆,
鳞片外表光滑。

雪松呢,是一种优雅而美丽的松
树,它的松果通常呈椭圆形,带
有浅灰色的鳞片,有时也会带有
一些紫色的斑点。

马尾松是一种适应力很强的
松树,它的松果较小且呈椭
圆形,鳞片上有着明显的钩
状突起,很特别呢!

松果不仅是松树的果实，也是
我们小·松鼠的重要食物来源。
我们会收集、储存松果作为
冬季的食物储备，以及帮助
松树传播种子。

哇！谢谢你的讲解，我现在
更了解松树啦！

自然创作

如何制作圣诞树相框?

 获取大自然的原材料,将路边的松塔、松树树枝捡回家,创意加工成圣诞树相框,好看又环保!

可以当作家居摆件,也可以作为圣诞小礼物哦!

收集植物素材，并准备所需工具：

松树树枝、松塔、火棘、相框、酒精胶、镊子和彩笔

3 重复上一步，直至完成树的形状

1 将松针适当修剪

2 将酒精胶涂在松针上，再插入松果缝隙

4 将火棘涂上颜色

5 用镊子将火棘一点点粘在松果上

6 适当调整火棘的位置

7 固定在相框里，就大功告成啦

冬雪也能被留存

雪要融化了啊……

别难过，虽然冬雪在悄悄融化，但我们可以找到一种方法来保存这些美丽的瞬间。

怎么做呢？

我们可以把冬雪保存在相框里，这样你就能将冬雪永远留存下去了！

但是，冰雪怎么放进相框呢？

虽然雪花会融化，但是还有很多结晶体不会融化呀！我们可以用它们来模拟雪花。

自然探索

盐结晶

浅茶色石膏簇

硝酸钾结晶

在你的印象里，雪花是什么样的呢?

自然思考

当盐水中的水分蒸发时，盐的晶体开始形成，成为类似雪花的晶体结构。盐结晶通常呈现出六边形的形状，各个分支和花纹交织在一起。

那剩下的几种结晶呢？

石膏晶体是一种矿石，常呈现出细长的针状结构，形成类似雪花的形态。

硝酸钾晶体的形态可以呈现出六角形的结构，有时也会分支出很多的小结晶，使整个晶体看起来像雪花一样。

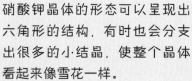

大自然可真神奇，让这些不一样的物质这么相像。

这些晶体虽然在某些方面和雪花晶体相似，但应注意的是它们的形状和组织结构仍然存在差异。

雪花晶体由冰晶凝结而成，具有非常复杂而独特的六角形结构，每片形态各异。

谢谢你的介绍，那我们一起去用最常见的盐结晶模拟一个冬雪相框吧！

自然创作

如何制作冬雪树枝相框?

用盐代替雪花,
将雪景框进相框,
你将拥有整个冬天!

准备所需工具：

相框、树枝、白乳胶、盐
和剪刀

3 用白乳胶固定树枝的根部

1 将树枝修剪成相框的高度

4 在树枝的枝条上涂上白乳胶

2 摆成喜欢的形状

5 均匀地撒上细盐

6 重复叠加

7 冬雪树枝相框就制作完成啦

自然观察

你们好啊，两个朋友！

你好呀！很高兴认识你，之前好像都没有见过你！

自然探索

我们猫头鹰，也叫枭、鸮。可以说是现存鸟类品种在全世界分布最广的鸟类之一啦！

除了北极地区，世界各地都可以见到我们的踪迹。中国常见的种类有雕鸮、鸺鹠、长耳鸮和短耳鸮。

雕鸮

鸺鹠

长耳鸮

短耳鸮

猫头鹰是森林中最为神秘的生物之一，它们的
身体结构也很特殊，我们一起来画一下吧！

自然思考

此外，我还想和你们分享一下关于我的冷知识，你们很有可能不知道哦！

其实我们有一双"逆天"长腿，腿长几乎占了身体的一半，就藏在我们厚厚的羽毛下面。

我们具有特殊的颈椎结构，这使得我们的脑袋具有旋转270度的超能力，可以帮助我们锁定猎物、躲避敌害。

大大的眼睛让我们看起来十分可爱，但是我们并非故意瞪眼，只是因为眼球为圆柱体，无法在眼眶里随意转动。

虽然我们的长相有些"天然呆"，却属猛禽。弯钩状的利爪，让我们更容易去捉拿猎物。

最后，我还想分享一下以我们为形的文物——鸮（xiāo）卣（yǒu）！

商代最萌酒器

山西博物院藏

此鸮卣出生于商代，形如两鸮相背而立，是商代不可多得的青铜珍品！

如何制作松果猫头鹰?

谁能拒绝一只会送信的猫头鹰呢!

以松果作为身体,用棉花当作羽毛。

把大自然迎回家,放在家中作为摆件。

简单有创意,童趣又可爱!

收集植物素材，并准备所需工具：

松果、棉花、卡纸、镊子、剪刀和胶水

3 用卡纸剪出眼睛、嘴巴，粘贴在猫头鹰的身上

1 用镊子将棉花塞进松果的缝隙

4 可爱的小猫头鹰就制作完成啦

2 用卡纸剪出翅膀形状，并用棉花装饰，再将整个翅膀粘贴在猫头鹰的身上

一起来做蛋托雪人吧

自然观察

自然探索

当然可以！我们用鸡蛋托去做雪人的身体，用小树枝做胳膊和腿，再用胡萝卜做鼻子，美丽的彩色布条做围巾，不就有一个可爱的蛋托雪人了吗？

你们还做过什么样的雪人呀？

自然思考

你知道冬天的雪花是如何
形成的吗？

不清楚哎……

雪花是由水分子形成的，当温度
降到了零摄氏度以下时，水分子
会凝结成冰晶，形成小小的雪花。

那为什么雪花会有
不同的形状呀？

雪花的形状取决于气
温、湿度和空气中的
微小颗粒。

每一片雪花都在空中自由地
形成，通过与空气中的水蒸
气结合，冰晶不断以六边形
为基础扩展。

最终，形成了各种
各样的如树枝般延
伸的花瓣。

真是太神奇了！每片雪花都
像是大自然的艺术品，独特
而美丽。

自然创作

如何制作鸡蛋托雪人？

你那里下雪了吗？

打雪仗、做雪雕、堆雪人都安排上了，

冬天的氛围就有了！

收集植物素材，并准备所
需工具：

棉花、木头、树枝、鸡蛋托、
颜料、画笔、胶水、剪刀

3 将三个白色蛋托堆叠

1 剪出圆形蛋托备用

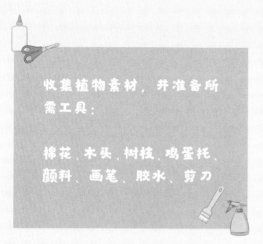

2 将蛋托涂成白色

4 画出雪人的形状

5 将树枝、棉花粘贴在木头上，装饰场景

6 小雪人制作完成啦

原来树叶也有香香的

自然观察

原来，南方和北方的
冬日景象这么不一样。

是啊！在北方的冬日，一眼望去，都是光秃秃的枝干。

别沮丧，虽然树叶都凋零了，但等到了春天，它们还会重新焕发生机。

我们可以趁着这次旅行，感受一下充满生机的冬日景象！

我们还可以多观察一下南方常见的树木和树叶，我最喜欢的就是带有特殊香气的树叶。

自然探索

你们知道有哪些会散发特殊香气的树叶吗?

香樟树树叶

柠檬树树叶

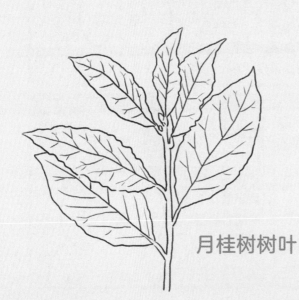

月桂树树叶

乌药树树叶

这些树叶不仅香气馥郁,形状也很漂亮哟!
我们一起来给它们涂上好看的颜色吧!

自然思考

原来你知道这么多有特殊香味的树叶呀！可以给我讲讲吗？

当然可以啦！香樟树是一种常见的常绿树种，它的香味主要来源于它本身含有的樟脑、芳樟醇等多种挥发性物质。

其中，樟脑是樟树用来抵御病虫害的，但是被人们发现后，将其做成了常被我们用来保存衣物或用作草药的樟脑丸。

柠檬树则是一种常见的柑橘类植物，叶子散发出柠檬特有的清新香味。

柠檬树树叶通常被用作天然
的芳香剂，放置在室内可以
散发令人愉悦的气味，有助
于减轻压力和焦虑。

还有啊，月桂树树叶和
乌药树树叶的香味也很
特殊哦！尤其是乌药树
树叶，会散发出浓郁的
辛辣香气。

这几种树叶都有独特的香气，
并在不同领域得到了应用。它
们不仅为我们的生活增添了美
好的气息，还拥有一些药用价
值和调味特性。

真神奇！真想现在就感受一下
这些叶子的香味！

也不是不可能，不如我们一起
动手来做个树叶扩香石吧！

自然创作

如何制作树叶扩香石？

手工制作树叶扩香石，用石膏留下树叶走过的痕迹。
也可以作为香插，独特而美观，为生活增添一丝禅意！

收集植物素材，并准备所
需工具：

树叶、石膏粉、水、塑料杯、
一次性手套、刷子

3 晾干后，去除多余石膏，掀开树叶

1 将石膏粉与水搅拌至酸奶状

4 将边缘打磨平滑，就制作完成啦

2 均匀铺在树叶背面

自然观察

太棒了！我们还可以在石头上画出美丽的图案，这样就能创作出独一无二的石头画了。

好有创意！河边还有很多这样漂亮的石头，咱们一起去收集一些吧！

自然探索

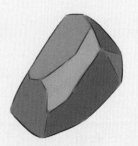

玛瑙石

石榴石

翡翠

黄玉

碧玺

玉髓水晶

这些都是常见的天然石头哦！它们都有着独特的色彩和形状。你还见过哪些奇特的石头呢？来画一画吧！

自然思考

玛瑙石有着丰富的颜色和斑纹，每一块都独一无二，常常被用来制作珠宝和装饰品，深受人们的喜爱。

石榴石是一种宝石，常常呈现出亮丽的颜色，在许多文化中被视为爱情和热情的象征。

翡翠是一种硬度较高的宝石，它常被用于制作珠宝和工艺品，被视为财富和幸福的象征。

这块石头……

如何制作一幅石头画?

每块石头都有独特的美,这是大自然给的小惊喜!
利用石头本身的形状、质地、纹理,进行艺术构思,
让石头鲜活起来,"秒变"艺术品!

准备所需工具：

石头、相框、画笔

3 将画好的石头摆入相框

1 在心仪的石头上自由创作

4 一幅独一无二的石头画就制作完成啦

2 创作完成

大树的纹理好好看呀!

干脆面,这么美的树皮纹理,我们可以把它们拓印下来留作纪念!

拓印?那是什么呀?

自然探索

拓印是一种特殊的印刷术，相当于古代的复印机。

由于拓制过程酷似夏蝉脱壳，又被称为具有吉祥寓意的"蝉蜕"。

拓印虽然在中国有着悠久的历史，可关于拓印的起源，史书并无确切记载，难以定论。

②

①

东汉
"以书取仕"促进碑刻拓印兴盛

魏晋南北朝
造像和文字石刻盛行

盛唐
皇家开创写碑刻拓之先风

⑤

③

北宋南宋
"兴复古道"开启金石学研究之风气

明清
技艺创新，兴盛于朝野内外

⑥

民国至今
保存和推动各种艺术

④

③

① ④

②

中国拓印历经千百年的积淀，传承至今。它不仅是一门艺术，更是中华文化的重要组成部分啊！

自然思考

那拓印主要的步骤
都有哪些呢？

主要分为润、扫、封、锤、
蘸和拓等步骤。当然，也会
根据不同的拓印技法而略有
不同。

润　　　扫　　　封

锤　　蘸　　　拓

谢谢你能给我分享这门古老
而神奇的艺术！让我们动手
试试吧！

自然创作

如何制作树皮拓印？

随着年龄的增长，大树的"皮肤"会以多种方式裂开，产生各种各样的纹路……

结合传统拓印的技法，一起去采集大树的纹理，感受它们的成长痕迹吧！

3 稀释墨水

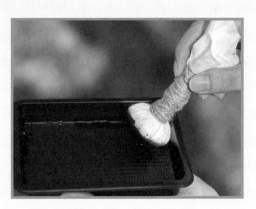

1 用盛满水的喷壶将树皮喷湿

4 等纸略干后，开始拓印

2 铺上宣纸后，喷湿宣纸

准备所需工具：

宣纸、喷壶、墨水和棉锤

5 慢慢掀开

6 铺平晾干后，树皮拓印就制作完成啦

菜叶也能做蜡烛

自然观察

想个到在寒冷的冬天，还有可以生长的蔬菜！

这些蔬菜是我们冬天的宝藏。让我来给你科普一下在严冬也可以生长的蔬菜吧！

这我还真的不太了解，展开讲讲吧。

自然探索

这些蔬菜在寒冬里仍然能够生存，是我们许多小·动物的食物来源哦！

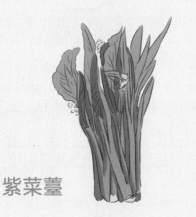

紫菜薹

白菜

胡萝卜

冬笋

你们还知道哪些在寒冬里依旧可以生存的蔬菜吗？一起来画一画吧！

自然思考

紫菜薹是中国特有的一种植物，在蜀汉地区十分具有影响力。据清代《武昌县志》记载，紫菜薹味尤佳，它处皆不及。

此外，还有苏东坡三吃菜薹的民间传说，更是同武昌鱼一起被誉为"楚天两大名菜"。

听起来很不错！那白菜呢？

白菜是一种耐寒蔬菜，在冬季也能茁壮成长。其含有丰富的营养物质，有助于增强我们的免疫力，并保持消化系统的健康。

接下来是冬笋，冬笋是立冬前后由毛竹的地下茎侧芽发育而成的笋芽，可以做成很多广受大家喜爱的菜肴。

比如鲜笋炒腊肉……

最后是胡萝卜，它是一种根茎类蔬菜，在冬季也能生长。胡萝卜富含 β - 胡萝卜素和维生素 A，对眼睛和皮肤健康非常有益。

非常感谢你的介绍！我现在对这些冬季蔬菜有了更深入的了解。

自然创作

如何制作菜薹蜡烛?

生活在水泥森林里的我们,

都需要时常补充一点"生长力"。

这是一场关于菜薹的美学风暴,

一起回到大自然去寻找纯粹的快乐吧!

收集植物素材，并准备所需工具：

菜薹、透明玻璃杯、镊子、烛芯和果冻蜡

3 等待晾干，就制作完成啦

1 将采摘的菜薹等植物放入杯中，进行创作

2 将隔水加热融化好的果冻蜡沿着杯壁慢慢倒入。同时，扶好烛芯，避免歪斜

图书在版编目（CIP）数据

陪孩子玩转春夏秋冬.冬天的雪花落在脸上凉凉的 /
Hiddenland 自然教育学院，王释熠，金崇轲编著 . -- 北
京：民主与建设出版社，2023.11
ISBN 978-7-5139-4437-3

Ⅰ.①陪… Ⅱ.①H…②王…③金… Ⅲ.①自然科
学 - 儿童读物 Ⅳ.①N49

中国国家版本馆 CIP 数据核字（2023）第 235032 号

陪孩子玩转春夏秋冬.冬天的雪花落在脸上凉凉的
PEI HAIZI WANZHUAN CHUNXIAQIUDONG DONGTIAN DE XUEHUA LUOZAI LIANSHANG LIANGLIANG DE

著　者	Hiddenland 自然教育学院　王释熠　金崇轲
责任编辑	郭丽芳　周 艺
策划编辑	王 薇
装帧设计	陈旭麟
插画绘制	梁立春
版式设计	姜 楠
出版发行	民主与建设出版社有限责任公司
电　话	（010）59417747　59419778
社　址	北京市海淀区西三环中路 10 号望海楼 E 座 7 层
邮　编	100142
印　刷	北京中科印刷有限公司
版　次	2023 年 11 月第 1 版
印　次	2024 年 1 月第 1 次印刷
开　本	690 毫米 × 980 毫米　1/16
印　张	8.5
字　数	40 千字
书　号	ISBN 978-7-5139-4437-3
定　价	200.00 元（全 4 册）